人材を育てるホンダ 競わせるサムスン

佐藤 登

はじめに

サムスンやＬＧ、現代などの韓国企業に関する報道を日本で目にしない日は少ない。電機業界や自動車業界では、世界中で韓国企業の存在感が高まっている。10年前まではキャッチアップが中心で独自技術の開発力は低いと指摘されていたが、現在はスマートフォンや有機ＥＬ（エレクトロルミネッセンス）など日本企業よりも先行する製品・技術分野が存在する。

今後、日本企業が世界で戦っていくには、スピード感と決断力に長《た》けた経営体制を構築した韓国企業の長所を真摯に学ぶ必要がある。日本企業や日本の強みも多分にあるので、韓国企業をことごとくベンチマークするということではない。それぞれの強みを融合した筋肉質な経営体制を創り上げることに価値があるのだろうと考える。

そこで本書では、ホンダとサムスンという日韓企業で勤務した筆者の経験をベースに、ホンダとサムスン、日本企業と韓国企業、さらには日本と韓国の違いを論じていきたいと思う。

それも単なる一般論ではなく、それぞれに具体的な事例を紹介しながら論じていく。ホンダとサムスンという日韓の大手企業に在籍し、それぞれの技術開発をリードした経験を持つ筆者が、両国の技術開発の強みを分析し、技術経営の視点から日本企業と技術陣に求められる姿勢を明らかにしている。ここで言う「技術経営」とは、経営において、研究開発戦略や事業化戦略を技術的視点から判断していくことだ。

それは、第三者が外から見て物申すことではなく、実際に在籍して開発と経営の実務に携わった者にしか経験できない現実の舞台と幕とが物語る教訓である。その過程に、日本復活のヒントが見えるのではないだろうか。

さて、本論に入る前に、筆者の簡単な略歴を紹介させていただく。1978年にホンダに入社し、26年4カ月、技術開発と研究開発に従事した。それぞれの部門で、「技術の本質とは何か」「研究開発におけるエンジニアの魂とは何なのか」といったことを体得した。

もちろん、プラス思考で得たことばかりではなく、考え方や技術的見解の相違から生じる葛藤は少なからずあり、日々悩んだことも多々あった。振り返れば、企業人として、技術者として、相矛盾する選択を迫られたこともあった。「技術者の魂とは何か」「どう考え、どのように行動に移すべきか」など今に生きる技術経営の礎を得ることができたのは、こういった葛藤の日々があったからだと考えている。

ホンダの創業者、本田宗一郎は数々の名言をこの世に残した。創業者の言葉が生きている場面、逆に創業者の言葉が生かされていない場面があるのも実態だ。

後ほど詳述するが、入社した時代は日本の自動車各社が欧米に輸出し始めて間もないころのことだった。ところが、自動車各社の海外展開には思わぬ落とし穴が待っていた。「塩害」と称される自動車の錆問題と巨額のクレームである。

「このままではホンダが潰れることにもなりかねない」と社内でささやかれるほどの深刻な状況下、筆者は錆問題を解決するホンダ全社を挙げてのビッグプロジェクトのメンバーになり、自らその解決に臨んだ。技術開発により問題を解決し、欧米市場から高い評価を得るまでの道程は長かった。

その後、成果が認められ本社の役員室から、「海外でも国内でも、どこに行って何をしてもいい」との言葉を頂き、結果として将来技術を創造するホンダ基礎研究所への異動を希望した。技術の本質やその背景にある人間模様、優先順位の重要性など、ここでの実体験は以降の業務にも大いに教訓となるものであった。

基礎研究所で待ち受けていた大きなテーマは電気自動車（EV）と電池の実用化研究である。筆者が基礎研究所に異動したのは90年2月。その半年後、世界の自動車業界は米国の「ZEV（ゼロエミッションビークル）」規制の発効に震撼した。法規発効後の異動ではなく、異動後にZEV規制が眼前に向かってきた。それで電池研究室を一から創設する運びとなったのだ。

もっとも、筆者は2004年9月に、サムスングループの一角を成すサムスンSDIへ常務として移籍することになった。移籍した理由は本書の中で明らかにしていくが、同社の中央研究所における5年間は研究開発経営、その後の3年4カ月間は本社経営戦略部門で新たなビジネスモデルを構築するために力を注いだ。8年4カ月の間、サムスンSDI最初の外国人役員として業務に携わった経験は大きな糧となっている。

今でこそ、サムスンは民生用リチウムイオン電池事業で世界シェアトップを誇る企業に成長したが、移籍当時は日本勢が圧倒的に強みを発揮しており、世界4位に甘んじていた。どういうプロセスであればシェア拡大や事業成長につなげることができるか、研究開発の現場からその方向性を探った。

時には研究開発テーマの中止や方向転換などを率直に提言した。こういった技術面からの提言は担当役員やメンバーに嫌がられた部分もあるだろうが、それこそが技術経営の役割と考えて動いた。企業文化や韓国文化、韓国人気質を目の当たりにして当惑させられることも度々あったが、逆に様々な提案をしながら、新しい仕組みや仕掛けを創り上げたと自負している。

そのように行動できたのは、移籍に関して大きな判断材料になった社長のひと言があったからだ。「電池と名のつくエネルギー分野の研究開発は佐藤さんが好きなようにリードして構わない」。その言葉を支えに、儒教社会の行動規範にとらわれず攻めの経営モデルを推進した。

現在は日本で自動車業界や電池業界、部材業界と連携を図り、産業界と学術界に関わっている。ホンダとサムスンを経験したことで、本当に多くのことが見えるようになったと思う。サムスンや韓国を通して日本を眺めると、日本の産業界の課題や国民性の違いなど様々なことが見える。韓国に強みもあれば弱みもあるのと同様に、日本にも強みと弱みがある。日本人や日本の産業界が抱く韓国社会や韓国産業界のイメージは現実とは異なる。マスメディアを通じて報道されている以上のものもあれば以下もあり、実際には正しく伝えられていないところも多々存在する。

ただ、日本人に理解しにくい韓国人の思考や行動様式を目の当たりにすると、日本の価値観や概念がグローバル社会では必ずしもスタンダードではないと痛感させられる。そして、韓国というフィルターを通して見ると、日本の産業界に反映すべき部分、反対にベンチマークすべきではない部分があるということにも気づいた。そういった筆者の経験を日本の産業界、さらに企業内技術者に提言できると思い、本書の出版に思い至った。

ここ数年、日本の産業界の不振が目立つが、日本の産業界の潜在的競争力は根強い。不振に陥ったのは、やるべきことや優先順位が明確でなく、積極果敢に前に進む攻めの経営を忘れていたからだと思う。再度、技術経営の視点から見直すことで、一層の産業競争力を打ち出し、日本の底力とグローバル競争力を高めることは可能だ。本書がその一助となれば幸いである。

目次

第2部　日本と韓国

第1部

ホンダとサムスン

第1話

新人を育てるホンダ、競わせるサムスン

グローバル人材を生み出す最短距離を考える

「やりがい」「年収」「企業のブランド力」「勤務地」「福利厚生」……。就職活動の際に、日本の学生が志望企業を絞り込む優先順位は人それぞれだろう。だが、理工系学生に限ってみると、いまだに大多数は技術者としてのやりがいを優先するのではないだろうか。自らの専攻や研究テーマに近い企業を選ぶのが一般的な流れと言えよう。

筆者が就職活動した時もそうだった。実は大学院時代の専攻は化学系であり、就職先の第一希望はもちろん化学業界だった。しかし、1973年に始まったオイルショックの影響は大きく、化学メーカー各社は採用数を縮小しているばかりか、中には採用そのものを見合わせるところもあった。

とはいえ、就職口は確保しなければならないので、化学業界以外にも目を向けることにした。理系の大学院生にとって、就職活動は企業から送られてくる「指定校推薦」を活用するのが当たり前の時代で、その中の1社がホンダだった。自動車業界は第一希望ではなかったが、化学業界への就職が難しかったことで、ホンダと運命の出合いを果たしたわけだ。

当時のホンダは有名企業の1社だったが、それだけでは決断できない。そこで企業研究を進めたところ、就職先候補としてホンダは実に興味深い企業だった。

中でも創業者である本田宗一郎については、関連書籍やマスコミなどへの発言から共感する部分が多かった。特に、「得手に帆上げて」「能ある鷹は爪を出せ」「会社のためにではなく自分のために働け」「技術論議に上下関係はない」といった同氏の考えは、当時の日本企業では耳にしないことばかりか、むしろ真逆といえる考え方だった。学生時代の筆者が、こうした自由な社風に惹かれていったのは言うまでもない。

さらに、勤務地の多くが埼玉県など首都圏にあること、世間的に知名度が高いこと、海外で活躍できる可能性があること、という3点も大きな魅力だった。これらの理由から、最終的に指定校推薦を活用しホンダを志望することを決断した。

自動車業界に就職する不安がなかったわけではない。当時、自動車業界における技術開発は内燃機関（エンジン）と車体設計の2つが主役で、専攻の化学やエレクトロニクス、材料分野の技術者が活躍できる領域はかなり限られていた。

その一方で、21世紀を迎えるころには、自動車業界でも環境やエネルギー分野への対応が必須になると考えていた。そうなれば化学分野の専門知識が生かせるだろうという信念もあった。

入社試験は筆記試験と専門面接、役員面接（最終面接）が11月1日から3日間連続で実施されるというハードスケジュールだった。原宿・本社ビルでの役員面接では、当時の篠宮専務から「どんな仕事がしたいか？」と質問され、研究テーマにはないと知りつつも、「環境に優しい電気自動車の開発に携わりたい」と回答したことを鮮明に記憶している。この発言が役員に響いたかどうかは不明だが、ほどなくして採用通知が届き、晴れてホンダの一員となることが決まった。

サムスン入社はTOEIC750点以上が必須

これに対し、韓国の理工系学生にとって就職活動の位置づけは大きく異なる。まず、韓国での就職状況は日本とは比べものにならないほど厳しい。2012年における大卒以上の学生内定率は日本では8割以上だが、韓国では5割弱。韓国で勤務していた経験では、数字以上の差を感じた。

就活における学生の優先順位も明確だ。企業のブランド力が何よりで、サムスンやLG、現代といった世界的に認知された企業への就職が何よりも優先される。民間企業ではサムスングループがトップ人気だ。

超難関大学の学生が希望することもあり、サムスングループに入社するためのハードルは高い。例えば、TOEICのスコアに関しては750点以上が必須という縛りがある。サムスンに入るために塾に通ったり、教材を活用したりする学生もいるくらいだ。ただ、最近は地方大学出身者の採用も増えつつある。

日本企業では、いわゆる大企業に入社したらひと安心という気持ちになる学生も多いが、韓国ではたとえサムスングループに入社したとしても息つく暇はない。サムスングループに入社すると同時に、昇進に向けた激しい競争が待ち受ける。

有名な話だが、韓国は受験も日本とは比べものにならないほど激しい。韓国人は常に「競争」というキーワードの下で生きているため、いつの時点でも競争を当たり前のごとく受け入れている。

サムスングループは新入社員の数も、日本の大手企業に比べてケタ違いに多い。毎年、大卒以上は1万人程度、技能系の高卒は2万人程度入社する。だが、大卒以上では1年後に10%、3年後には30%が退社する。

筆者自身、退社する新人に理由を聞いたことがあるが、「日々の業務をこなせない」「同期に優秀な人材が多く、自信を喪失してしまう」という答えが返ってきた。難関をくぐり抜け、せっかく入社したサムスングループを去るのは少々もったいない気もするが、これが現実だ。

現在、日本企業の多くは、海外事業の強化に向けてグローバル人材の確保や育成に力を入れている。ただ、韓国企業では、それ以上の激しい競争が繰り広げられていることを認識する必要がある。その競争意識が学生時代から植えつけられていることを考えると、日本の教育システムも変革が必要だと感じてしまう。

OECD（経済協力開発機構）諸国の中で日本の教育投資は最低レベルと言われて久しい。だが、日本政府からは明確な改善策が提示されているとは言えない。韓国の競争社会は極端だが、日本が再びかつての競争力を取り戻すためには、教育への投資を積極的に行うべきではないだろうか。

ホンダは企業文化や同期の交流を重視

ホンダとサムスンの違いは、入社後に待ち構える新入社員研修でも同様だ。

日本の場合は企業によって考え方が様々で、社会人としての最低限のマナーを教えるだけの企業もあれば、企業文化などについて徹底的に教え込む企業もある。そのため、ひとくくりにして説明するのは難しいが、とりあえず日本における新入社員研修から見ていこう。

筆者自身、1978年から2004年まで26年4カ月ホンダに籍を置いたが、その間に新入社員研修の期間や内容は大きく変遷したと感じている。かつての日本企業が実施してきた新入社員研修は長期間にわたり、会社員を鍛え上げる場として機能していたと思う。

少々古い話になるが、筆者が1978年にホンダに入社した当時は、入社前の3月から新入社員研修がスタートしており、修士論文を執筆し、大学に提出してから休むことなく社会人の第一歩を踏み出していた。当時のホンダの新入社員研修は丸1年で、寮での共同生活が基本だった。文系社員が44人、理系社員が127人（大卒以上は108人、高専卒が19人）の合計171人である。

研修内容は、文系社員が3拠点での工場実習、理系社員が2拠点での工場実習と4カ月半の研究所実習だ。工場実習は2交替制で、早朝からの勤務と午後からの勤務は1週間ごとで変わるため、当初は慣れるまでに大変だった。

研究所への配属を希望していた筆者にとって、有意義だったのが研究所での実習だ。実際に研修で与えられたテーマは開発が急務だった自動車用排ガス触媒で、化学系専攻だった筆者にとっては取り組みやすいテーマだった。開発自体も始まったばかりで、筆者自身の考えを提案することもできた。あくまでも研修の一環だったが、研究に携われたことは喜びであった。

研究所実習での最終日には、研究所の役員幹部への成果発表会が開催され、新入社員の全員が4カ月半に及ぶ研究成果を発表する機会を与えられた。実習で得た知見をまとめて報告したところ、役員幹部での評価も高かった。

気分を良くした筆者は、これで埼玉県和光市にある研究所に配属されるだろうと勝手に決め込んでいた。後日、全く想定もしていなかった配属先を聞かされ、衝撃を受けることになるのだが、これについては第2話で紹介しよう。

余談になるが、寮生活は数多くの同期と交流する良い機会となった。工場実習時の交替制シフトが反対だと生活パターンも逆になってしまうため、全員と交流できたわけではなかった。事実、ホンダ社長の伊東孝紳氏も同期入社だが、シフトが逆だったこともあり研修中はほとんど話をする場面がなかった。

筆者が寮生活で積極的に交流を図っていたのが文系社員だ。考え方や行動が理系社員と異なると思ったからで、学生時代とはまた別の人間関係の構築につながるとの判断からだ。その仮説は正しく、ユニークな人物も少なからずいたので大いに刺激を受けた。日本企業にとって、新入社員研修は交流を深める狙いもあるのだろう。

もっとも、ホンダの新入社員研修は時代とともに変わっている。筆者が管理職となった92年当時もそうだったが、さかのぼれば80年代中盤以降、800人もの大量採用を始めると研究所実習はなくなってしまった。研究所での勤務をイメージする新入社員にとっては残念なことだと思う。

その代わりに導入されたのが、出身地での営業研修だ。あえて地元でホンダ製品の営業所に出向き販売に直接関わることで、ホンダ製品の魅力や課題などに関する消費者の声が体得できる。筆者自身、製品は顧客目線で開発されるべきものだと考えている。研究所に配属される理系出身者にとって、顧客目線が何たるかを実感できるこの研修プログラムは有意義だと言える。

競争意識を植え付ける「アイデンティティーコンテスト」

これに対して、サムスングループにおける新入社員研修の目的はより明確だ。新入社員研修はグループ全体で実施される。そこで、今後永遠に続くサムスン社内での厳しい競争を研修で体験させるのだ。具体的には、あるテーマに沿って約1カ月間、企画構想から取り組み、最後にグループのCEOや役員幹部の前でその成果を発表するイベントが大々的に実施される。

筆者自身、2006年6月にこのイベントに役員の立場で参加した。会場は韓国・江原道にあるフェニックスパーク。このイベントに参加し発表する新入社員は大卒以上で、約1万1000人にも及ぶ。会場はスタジアムのようなドームであり、周辺はリゾート地なので、研修に集中しやすい環境にある。

研修のハイライトとして最も盛り上がるのが「アイデンティティー（存在感）コンテスト」だ。これは、1000人単位の新入社員がチームを作り、それぞれがサムスンのイメージをミュージカルさながらのパフォーマンスでいかに表現するかを競わせる大会である。

もちろん、サムスンなので単なる芸術的なイベントではない。パフォーマンスの内容は幹部によって採点され、順位を競わせる。上位チームは幹部から直々に表彰され、その後のサムスンでの業務に自信と弾みをつける。経営幹部が採点するだけに、新入社員のモチベーションは非常に高い。研修段階から存在感や一体感、競争心、精進の意味を実感できる、まさにサムスンのDNAを植え付けるイベントと言える。

筆者が参加した2006年は、合計11チームが発表に臨んだ。当日は途中からスコールともいえる土砂降りの雨になったが、中止になることもなく各チームがドラマチックな内容のパフォーマンスを実施していたのが印象的だった。

練りに練った企画構想と素早いダイナミックな動きはサムスンのスピード感に相通じるところが多く、さらに一糸乱れぬパフォーマンスは緻密な練習を重ねた成果であり、完成度を高めて競争力を発揮するところもサムスン流である。その姿に、筆者を含めた採点する幹部が感動したことは説明するまでもない。

2006年は、筆者が管轄していた部門の新入社員たちもアイデンティティーコンテストに参加していたため、研修が終わって配属先へ戻ってきた際に、その3人に感想を尋ねてみた。そのうち2人は、「サムスンのエネルギーを感じて新鮮だった」「サムスンのパワーと将来性を感じた」と回答した。研修を通じて、サムスンスピリッツを植え付けられてきたと言える。

残りの1人の感想は、「研究所での研修が楽しかったので、グループ全体の研修をしている間も早く研究所に戻って研究をしたかった」というものだった。この新入社員は、グループ全体の新入社員研修に参加する前の1カ月間、サムスンSDIの中央研究所で研修していた。グループ研修が有意義だったのは事実だが、全体研修で競争心をかき立てられたこともあって、早く研究の現場で自分の成果を出したいという気持ちの高揚であった。

やはり新入社員研修では、会社側の意向を一方的に課しても意味がないということだろう。新入社員の自立心をかき立て、仲間意識と同時に競争意識をもたせるコンテンツが必要だ。それが結果として、将来のグローバル競争を闘い抜く人材づくりにつながっていく。

日本企業が新入社員や若手社員に期待する資質は、以前に比べて大きく変わりつつある。「2011年度から20代の全社員に海外経験を課す」(三菱商事)、「本社勤務の外国人比率を2020年までに50%に高める」(イオン)、「2013年度以降に新入社員の1500人中1200人を外国人に」(ファーストリテイリング)、「英語公用語化、課長昇進時にTOEIC

スコアは750点以上」(楽天)、「2012年度入社の内定者から選抜で海外留学を経験」(トヨタ自動車)、「若手社員2000人の海外派遣」(日立製作所)、「2013年度の新卒採用の30%を外国人に、課長昇進はTOEICスコア650点以上」(ソニー)……。

こういった発表や報道に目を通すと、各社がグローバル競争を勝ち抜くための人材確保や育成に躍起であることは一目瞭然だ。

日本と韓国で若者が置かれている環境には差異があるものの、企業がグローバル競争を闘ううえで必要な資源が人材であることに違いはない。そういった人材を意識的に育て上げる経営が、企業には求められるのではないだろうか。

第2話

配属先の要望を優先するホンダ、本人の希望を重視するサムスン

優秀な人材を辞めさせないために必要なこと

第1話で就職活動や新入社員研修について触れたので、その流れに従って今回は〝配属〟について考えてみよう。

新入社員にとって配属先の発表は、やや大げさに言ってしまえば、その後の人生を左右しかねないイベントだ。少なくとも数年間の業務内容や勤務地などが決まってしまうからだ。

もちろん、新入社員の配属についての考え方は企業によって異なる。だが、大きく（1）**学生時代の専攻や本人の希望を優先する企業**、（2）**配属現場の要望を優先し本人の希望をあまり考慮しない企業**──の2つに分類できるだろう。実際に、筆者が在籍したホンダと韓国サムスングループは、異なるスタンスを取っていた。

サムスンの新入社員の目標は役員への昇進

（１）の学生時代の専攻や本人の希望を優先させているのが、サムスングループだ。このため、配属先に不満を感じるケースはほぼないに等しい。新入社員のほとんどは、意気揚々と社会人として初の業務に夢と希望を持って関わっていく。

ここで注意したいのが、サムスンの新入社員にとっての夢や希望が日本人の感覚とやや異なることだ。「与えられたテーマで成果を出す」という業務面の達成感を重視しているのではない。昇進を続けて役員に登用されることこそが、多くの新入社員にとっての夢と希望である。競争社会を生きてきたプライドと、自己主張の強い韓国のナンバーワン企業の新入社員ならではと言える。

サムスンが新入社員の配属希望を実際の配属に大きく反映させるのは、採用基準と関係している。博士号やＭＢＡ（経営学修士）の取得者に対する優遇制度があるのだ。

理系社員の場合、学部卒、修士修了、博士修了でそれぞれ格差をつけている。中でも博士号を取得してから入社すると、新入社員にもかかわらず課長級の役職と年俸が与えられる。入社してしばらくは育てようという意思は企業側にあまりなく、とにかく早く成果を出すことを期待しているのだ。「我が強く扱いにくい」という理由で博士号取得者を敬遠する日本企業とは大違いだ。

また博士ほどではないが、修士や学部卒の新入社員に対しても、学生時代に学んできた専門分野と事業の関連性を考慮したうえで配属を決める。こういった点を考えると、新入社員は優遇されていると言えるだろう。

入社試験の面接では、新卒だけでなく中途採用も含めて、本人の専門分野についてかなりの時間を割いて説明させる。この面接のおかげで、企業と新入社員の希望のミスマッチを防止できるのだ。もちろん、自らの専門性の高さをうまくアピールできるかどうかが合否の分かれ目となるのは言うまでもない。

日本企業の中にも、専門性や希望に応じて配属する企業は少なからずある。例えば、東芝には自分が希望する配属部署・職種にエントリーできる「配属予約制度」が存在する。紹介ページによると、あらかじめ本社オフィスや研究所、事業所を見学して実際の仕事を体感できるほか、予約が確定すれば、入社後は希望の部署に優先的に配属されるという。だが、こうした企業は少ないのではないだろうか。

一方、ホンダは（2）配属現場の要望を優先する企業だ。ある程度の専門性は考慮するものの、配属先が研究開発部門か、生産技術部門か、製作所かによって大きなギャップを感じることがある。筆者自身の配属がまさしくそうだった。

配属先が気になり始めたのは、1年間の新入社員研修が終わりに近づいた1979年の初頭。当時のホンダは本社が原宿、本田技術研究所は埼玉県和光市と朝霞市、生産技術開発機能を担うホンダエンジニアリングは埼玉県狭山市、製作所（生産拠点）は狭山市や静岡県浜松市、三重県鈴鹿市、熊本県菊池郡に点在していた。文系社員は、全国にあるこれらの拠点のうちどこに配属されるかが混沌としている。

一方、理系社員の多くは、本田技術研究所もしくはホンダエンジニアリングへの配属となる。もちろん、生産拠点である製作所へ配属されることもあり、理系社員の中でも時折、製作所配属を希望する者がいないわけではないが極めてまれである。それゆえに、研究部門への配属を希望するほとんどの理系社員にとって、製作所への配属はガッカリなどという表現ではなく、悲愴感が漂うものだった。

まさかの製作所配属で失意の底

新入社員研修が終わりに近づいた79年2月、いよいよ配属先が発表された。「鈴鹿製作所の化成課に配属する」。筆者は自らの配属先を聞いた瞬間、言葉を失った。全く予期していない製作所の塗装現場だったからだ。

実は後で知ったことなのだが、筆者の配属の裏には鈴鹿製作所の化成課が化学を学んできた新入社員を強く望んでいたということがあった。それなりに任せたい仕事もあったのだろう。そういった意味では、筆者の専攻と業務はマッチしていたとも言えるのだが、若い筆者には〝製作所への配属〟という事実が受け入れがたかった。

とはいえ、時計の針は元には戻せない。3月末には住み慣れた関東を離れて、鈴鹿に赴任しなければならない。残された時間は1カ月程度だったが、最後の悪あがきではないが関東での転職を模索した。それほど嫌だったのだ（学生時代から交際していた女性《現在の妻》と離れてしまうという事情もあったのだが……）。

そこで、ある大学へ連絡し、化学系の助手の採用がないか尋ねてみたものの、空きはもちろんなかった。ほどなくして三重県に赴任するしかないと腹をくくった。せめてもの慰めは、鈴鹿製作所に配属された同期が20人以上いたことだった。同期たちとの仲間意識が、唯一の救いであった。

鈴鹿製作所に赴任すると、塗装現場での実習と塗装排水を処理するエンジニアリング業務に携わることになった。1年間の実習を終えると、塗装部門の技術スタッフになるという流れだった。当時、塗装排水を処理する部門は、技術を追究するよりも従来のしがらみの中で仕事を回しており、技術的なレベルはお世辞にも高いとは言えなかった。

ところが、塗装排水の処理技術に携わってみると、化学的な知識とセンスが必要とされていた。配属先が目論んでいたように、化学系出身の筆者が興味を持って従事できる業務だったわけだ。そして、筆者は化学的論拠をもとに材料とプロセス技術の開発を進めていく。具体的には新しい薬品の適合性を見いだし、新規プロセスに切り替え、結果として処理水質の著しい向上を実現した。同時に生産コストも低減でき、業務表彰を受けるまでの実績を出すことができた。

筆者としては予想外ともいえる充実感を得て、会社としてはある程度は想像していた成果を挙げさせ、1年間の塗装部門での現場実習は終了した。80年4月以降は、塗装技術部門の技術スタッフという立場に変わり、今の自分が持つ企業人技術者のマインドを大きく創り上げた特命テーマに関わることになるのだが、その話は追々記述する。

ここまで、サムスンとホンダでの配属に関する経験事例を示した。筆者個人の考えでは、理系出身の場合には本人の配属希望をできる限り反映し、最初の業務で希望を失ったり悩んだりさせない仕組みを構築することを推奨したい。

というのも、同じ鈴鹿製作所に配属された同期の中には、納得できずに会社を辞めた者がいたからだ。さらに、別の部門に配属された同期も、本人の希望との乖離があったため退社して医学部に入学し直した者もいた。

こうした経験を振り返ってみると、配属先に大きなギャップを感じた者は、高いモチベーションを維持して仕事に励むことが難しいと言わざるを得ない。

日本人と比べて言い訳が多い韓国人

ホンダ在籍時代には、それ以降も配属先が不服で会社を辞めるケースを何度も耳にした。配属現場の要望で大卒以上の定期採用を要求した上司が、配属後に適切なテーマや評価などを与えない現実も数多く目の当たりにした。筆者自身、そのような対応の上司に「テーマに対する配慮やモチベーション向上のケアができないならば最初からそのような人材を要求すべきではない。それは会社も本人も不幸になる」と苦言を呈したことがある。

配属におけるサムスンの考えが合理的だと感じるのは、本人の希望に沿った配属や業務内容であれば、入社後に成果が出ないとしても不満や言い訳はできなくなるということだ。特に韓国人は、日本人に比べて言い訳が多い。何かがあるたびに、まずは言い訳から始まり、自分の責任ではないかのような考えを主張することがしばしばある。

とはいえ、本人の希望だけを聞いていても、事業として成り立たないのも事実。その場合は、配属先でしつこいぐらいにフォローをすることが重要となる。なぜ配属先が決まったのか、どのようなことを期待しているのか、部署としてどれだけ必要としているのか、ということを上司だけでなく周りの者が説明することだ。

思い返せば、筆者も配属された当初はいろいろと説明を聞かされた覚えがある。しかし、ショックを引きずっていたせいか、あまり耳に入ってこない時期もあった。だからこそ、繰り返し説明する必要がある。20代の若者の路線を変えてしまったのだから、しばらくの間はフォローするという気遣いを持つべきだ。

このようにすれば、本人の希望以外の配属を言い渡されて失望したとしても、与えられた業務に励むことで大きな成果を出すことにつながる。筆者自身もホンダ時代はまさしくそうだった。これについては以降に紹介することにしたい。

第3話

部下の声を聞かないホンダ、もっと聞かないサムスン

会社を飛躍させる「技術経営」の本質とは

ここ数年、液晶テレビで一時代を築いたシャープの経営危機が紙面を賑わせた。この件はいろいろと報道されたのでここで論じることは控えるが、技術者の立場で言えば、赤字に陥った元凶として挙げられる液晶事業への過剰投資が残念だった。主導した現会長の片山幹雄氏は生粋の液晶技術者だけに、技術に対するこだわりが強すぎたのだろう。その一方で、部下からの進言はなかったのかという疑問も残る。

シャープの蹉跌《さてつ》を見るまでもなく、「トップの思い込み」は時として経営危機を招きかねない。ホンダ創業者の本田宗一郎は、最終的な判断は自ら下すものの、「技術論議に上下関係はない」との信条を掲げていた。筆者もこうした創業者の考えに感銘を受け、ホンダ入社を決意した一

人だった。

とはいえ、ホンダの技術開発現場で本当に上下関係のない自由闊達な議論がなされていたかと問われれば、答えはノーだ。筆者がまだ新人だった1980年代、本田技術研究所の材料開発部門には「天皇」と称されるほど、研究開発の方向性を自らの判断のみで決定するFマネジャーがいた。

幸か不幸か、筆者は入社4年目の82年にそのマネジャーと衝突することになった。今回は、このマネジャーとの闘いを振り返りながら、「研究開発におけるトップダウンの弊害」について考えてみたい。

まずは、そのマネジャーと衝突することになった開発テーマの背景から説明しよう。

80年は、日本の自動車メーカーが欧米市場に進出し始めた時期だった。国内での自動車販売が上向きつつあり、輸出によってさらなる販売拡大に期待が寄せられていた。

しかし、安易な海外進出には大きな落とし穴があった。日本よりも緯度の高い欧米地域、すなわち米国の五大湖周辺以北や欧州のフランス以北では、冬場の道路が凍結しないように路面に岩塩を散布していた。その対策を施さずに日本仕様の自動車をそのまま海外へ展開していたのだ。

説明するまでもなく、車体やエンジン（内燃機関）部品は鉄系の素材から構成されているものが多い。特に車体は、耐腐食性を考慮した鋼板が適用されないまま（諸説紛々としていた模様で）塩害の可能性がある地域で販売されたことで、車体の腐食による「錆問題」が深刻になりつつあった。

その当時、筆者は鈴鹿製作所の塗装技術部門の技術スタッフだった。そこで、上司から「佐藤君、この論文を読むように」と鉄系素材の腐食メカニズムに関する英語論文を渡された。ここから、腐食問題に取り組んでいくことになる。

ホンダを危機に陥れた錆問題

上司から論文を渡された際に、「製作所でも英語論文を読むほどの技術開発が必要なのか」との疑問を抱き驚いたことを覚えている。それまでは製作所配属に不満を持っていた筆者だったが、「研究所だけが技術開発の現場ではない」「製作所で質の高い技術開発成果を出せば会社の収益に貢献できるかもしれない」と考えを改め、錆対策への技術開発にまい進したのだった。

当時、車体の錆に頭を抱えていたのはホンダだけではなかった。トヨタ自動車など、欧米進出を本格化させている国内メーカーにとって大きな問題になりつつあった。こうした塩害市場で自動車を販売していた欧米メーカーは、耐食性の高い材料の開発や選定を進めるなど日本メーカーよりも先行していたが、対策は完璧とは言えず、程度の差はあれ業界としての共通課題になっていた。自動車業界全体として、経験したことのない問題に直面していた。

筆者が所属していた鈴鹿製作所では、耐腐食性を高める車体塗装の技術開発をスタートさせていた。耐食性が高いとみられる開発材料を適用した実験車を試作、カナダのトロント近郊で市場走行による評価を進めていたのだ。筆者も、81年の2月に現地で開催された対策会議「第1回 オールホンダ 錆大会」に出席するなど課題の解決に奔走した。

だが、錆問題解決は待ったなしの状態だった。事実、プロジェクトがスタートして間もない同年4月にオランダからのクレームが舞い込んだ。内容は、「新車販売からわずか数カ月なのに、これまで見たことがない錆が出ている」というもの。筆者自身、にわかに信じられず直ちにオランダへ飛び立った。

半信半疑でオランダへ出張したものの、販売店を視察するたびに異様な光景を目の当たりにした。ボディの塗装表面の素地まで傷ついたところからかさぶた状に腐食が進行する現象で、「スキャブコロージョン」という業界・学術用語が新たにできてしまうほど深刻な錆が発生していた。鈴鹿製作所だけでなく、研究所も把握していない問題が市場で起こっていたわけだ。これは後に分かったのだが、オランダの年間平均湿度は85％以上と高く、他国に比べてこのような腐食が起こりやすい環境だった。

オランダの事例は極端だったものの、緯度の高い欧米地域での錆問題は想像以上に深刻だった。ホンダでは錆問題によるクレーム費用だけで年間30億円に達していた。「このままでは錆でホンダが潰れてしまう」と社内でささやかれるようになっていた。

事態の深刻化を受けて、対策は鈴鹿事業所だけではなく、全社プロジェクトとなる。本社に加えて、国内の研究所や製作所、欧米の研究所や営業拠点からなるオールホンダの「錆プロジェクト」が発足したのだ。筆者も製作所の技術スタッフとしてメンバーの一員に名を連ねた。なお、このオールホンダプロジェクトのリーダーとしてメンバーを引っ張ったのが、後に社長となる久米是志専務である。

錆プロジェクトの拠点は、北米では先に述べたカナダ・トロント近郊、欧州はベルギーのブラッセル近郊とゲント近郊だった。全社での検討結果を議論する「錆大会」は、毎年2月に欧米の拠点で定期的に実施された。筆者自身、82年の初頭から約半年間、現地調査から技術開発にフィードバックすべく、オランダ・ロッテルダム近郊にあるホンダのオランダ支社へ長期滞在し、市場調査を実施した。

欧州滞在中は、車体の錆の状況を詳細に把握するだけでなく、競合他社の状態のベンチマークも進めた。欧米車を評価したところ、ドイツのメルセデスやBMW、米国クライスラーの市販車はまずまずの耐久性を備えており、ベンチマークに値した。

一方、同様に欧米への輸出を始めていた韓国・現代自動車の「ポニー」も82年に評価したところ、新車の状態では完成度は高く見えたものの、1年間の市場走行実験を経た後には車体の至る所が錆だらけになった。錆対策は全くなされていなかったのである。開発メンバー全員が、「結局は安かろう悪かろうのクルマ」と結論づけた。現在の現代自動車が、日本メーカーに勝るとも劣らない品質レベルまでに到達していることを考えると、隔世の感がある。

欧州での現地評価を終えた82年7月、いよいよ鈴鹿製作所でも抜本的な対策に向けた開発を加速させようとしていた。全社プロジェクトとは別に、製作所でも独自の「長期保証プロジェクト」が発足。筆者は腐食評価に向けた新たな実験装置を導入し、新材料の評価を進めていった。その過程で疑問となったのは、技術的な問題だけでなく、それまでの技術開発で本質的な部分を見落としてきたのではないかということだった。

当時、鈴鹿製作所では鉄鋼メーカーや表面処理材料メーカー、塗料メーカーなどの協力の下、最適な材料の開発を進めていた。ただ、ホンダのデータで議論するというよりも、これら材料メーカーの意見を尊重したり、従来から言われていた技術的定説を尊重したりという風土が鈴鹿のみならず、研究所を含めたホンダの諸先輩の間にまかり通っていた。技術の本質が見えない状況では根本的な解決は望めない。

「俺の目が黒いうちは好きにさせん」

前置きが長くなったが、ここからが絶対的な権力を持つFマネジャーとの闘いである。鈴鹿製作所で約半年、データを解析した後、材料技術を最終的に判断する本田技術研究所へ出向き、自説を述べるとともに材料転換の提案をした。その報告相手が前述のFマネジャーだったのだ。

こちらのデータを全部説明したうえで、「それでは研究所からのデータを示してもらえますか」と尋ねたところ事件が起こった。Fマネジャーからは、「あんたのデータより俺の勘と経験の方が正しいのだ」と言われた。ちなみに、ホンダには「KKD」というホンダ用語があり、これは「勘」と「経験」と「度胸」を意味する。

筆者自身、半年間、自らプロジェクトリーダーとして腐食対策について徹底的に開発してきた自負があるので引き下がるわけにはいかない。「それがホンダの材料技術を統括する方のお言葉ですか？ データにはデータで説明してほしいのです」と応戦した。先に述べた本田宗一郎の格言「技術論議に上下関係はない」が後ろ盾になっていた。

筆者の反論を機に議論は急転。Fマネジャーは興奮して「バカヤロー」と立ち上がり、「俺の目が黒いうちは、お前の提案は実行させないからな」という結論に至ってしまった。それまでは、Fマネジャーから研究所へ転勤の誘いを受けていたのだが、一転して窮地に陥ることになった。

とはいえ、開発を頓挫するわけにはいかない。ホンダの全社プロジェクトでの活動や欧米の錆大会における実験車での評価・解析データを積み重ねたほか、錆大会に出席する役員や関係者への説明を粘り強く続けた。特に、Ｆマネジャーよりも上位職である役員クラスの理解を得ることで、「外堀から埋める」作戦を心がけた。

続く83年や84年も筆者は継続して欧米での錆大会に出席した。すると、84年2月に開かれたトロント近郊での錆大会で、Ｆマネジャーに偶然再会した。激怒されてから1年以上の月日が流れ、本田技術研究所の取締役として米国オハイオ州にあるホンダ・リサーチ・オブ・アメリカの所長に就いていた。

Ｆ取締役から「また何か言われるのでは」と内心ドキドキしたものの、返ってきた返事は「おう、君もここに来ていたのか」というフランクなものだった。1年前の厳しい言葉とは裏腹にマイルドな表現に変わっていたことに驚いた。後に別の方から聞いたのだが、筆者の腐食対策への技術的アプローチを徐々に評価してくれていたようだった。ここまでたどり着く道のりは長かったが、本質を見て開発してきた努力が報われたと感じた。

84年には、材料メーカーの協力を得ながら鋼板材料の最適化や表面処理剤の開発、塗装技術プロセスの確立などを併行して進め、腐食を制御できる技術開発にメドをつけた。その後、準備が整った技術から順次、量産へ導入していった。

85年以降は、筆者のグループが開発した耐腐食性技術の高さが欧米市場でも確認されるようになり、ディーラーからも高い評価を得た。完成車の品質向上を実現し、錆問題のクレーム費用もほぼゼロになったことで、会社に貢献できた。

その後、F取締役との関係は急速に改善し、お互いがフランクに会話できる状況になった。現在でもホンダのイベントなどで時折会う機会があり、昔話を笑いながら交わすまでの間柄となったことは記しておきたい。


筆者にとって耐腐食技術の開発は、ホンダという大企業においてどこまで自らの意見と提案を通せるのか、業務を通して経験できる良い機会となった。技術に関わる信念が強ければ強いほど、こうした議論の場に遭遇するものだ。

この経験を振り返ってみると、本田宗一郎が掲げていた「技術論議に上下関係はない」という言葉の本質がおぼろげながら理解できるようになった。つまり、最初から上下関係が存在しないのではなく、下の者が上の者に技術の本質で衝突したとしても、信念を持って説得・論破・行動することが技術者の真の姿だということだ。さらに言えば、上から押し付けられた論理が正しくないのに従うのは技術者として失格であり、「信念を持って仕事をしろ、それがプロの技術者だ」と叱咤激励されているように感じる次第だ。

サムスン社員が指示待ち状態になる理由

もちろん、技術を見極める立場の人間は部下であれ若手であれ、配下の技術者の提案に客観的に耳を傾け、洞察力を発揮して判断する姿勢が必要だ。「感情」や「勘と経験と度胸」だけで判断するのはもってのほかである。それができないならば技術経営に携わるべきではない。筆者がサムスングループで技術経営に携わる立場になってからは、この教訓を肝に銘じて行動してきた。

ただ、ホンダをはじめとする日本企業では自らの信念を主張することで上下関係を打破することも可能だろうが、韓国ではその限りではない。上下関係が日本の比ではないほど絶対的なのが韓国だ。多くの優秀な人材が入社するサムスングループも例外ではない。

まず、研究開発の現場で技術論議になることはほとんどない。研究開発を統括するチーム長（専務や常務などの役員）の意向で、研究開発の方向性などの様々な決定が下されていく。チーム長が間違った判断をすれば、開発が失敗する可能性もある。チーム長には高い精度で成功に導く戦略と考えが問われることになる。

これに対し、部下は人事考課の評価こそ付いてくるが、研究開発の成否に責任を負うことがない。上司からの命令を忠実に遂行することで高い評価を得ようと頑張るのみ。仮に開発テーマが失敗しても、部下にとっては自分の責任ではないという言い訳もできる。逆に言うと、部下が上司の意向とは違う方向で研究開発を進め、失敗すれば大問題となってしまう。最悪の場合、サムスンで働けなくなるため、部下の多くは上司からの指示待ち状態になる。

筆者自身、2004年9月にサムスンSDIの常務として中央研究所へ着任した当初は、リチウムイオン電池の新素材や先端技術、太陽電池、燃料電池などいわゆるエネルギー部門の戦略担当役員を務めた。これ以降、新素材研究部門のチーム長に加えて、車載用リチウムイオン電池の研究開発部門をサポートする役割を兼務することになる。

自動車業界に通じている筆者がサポートすることで車載用リチウムイオン電池の実用化を加速させたいという当時の社長の指示だったのだが、ここで韓国での絶対的な上下関係を実感する現場に遭遇した。

ある時、業務上での関わりは少ないだろうと考えていた欧州の自動車メーカーを訪問することになった。欧州自動車メーカーの役員や幹部クラスは、筆者がホンダ時代に出席していた国際会議で何度か顔を合わせたことがあったため、再会を祝しつつ協議できたことは筆者にとって良い経験だった。

当時、サムスンSDIでは、常務が車載用リチウムイオン電池の研究開発部門をチーム長として統括していた。この部門の韓国人部下たちは、常務から高い評価を得るため、従順に指示されたことを中心に業務を進めていた。たとえ部長クラスの部下であってもそういう姿勢で業務にあたり、チーム長と議論している光景などは見たことがなかった。

ただ、筆者の目にはこの常務が車載用リチウムイオン電池の開発を、自信を持って主導できる実績のある人物だとは映らなかった。ここがサムスングループにおける人事のポイントだが、必ずしも豊富なキャリアがあるからチーム長を務められるわけではない。組織改編や人事異動が頻繁に実施されるため、同じ分野でキャリアを築いていくこと自体が難しい。チーム長は研究開発の全責任を負うので多少気の毒になるが、これがサムスン流である。

こうした環境に我慢できなかったのだろう。ある日、常務の開発部門にいた首席研究員（部長クラス）の日本人部下が異議を唱えた。その主張は、常務の技術判断力に疑問を抱いていた筆者には納得できるものだったが、当の常務はそうではなかった。

その日本人部下と論議した結果、常務は「もういい。あなたはいらないから出ていってくれ」と激しく怒鳴ったのだ。サポート役を兼務していた筆者が仲介に入ることで、その場は収まったものの、日本人部下は常務から嫌われてしまい部門から追放されることになった。最終的には、筆者の開発部門に異動してもらうことで退社することは免れた形だ。

この常務は、韓国人のチーム長の中でも特に上下関係に厳しい人物だったようだ。部下の話を聞かないこともしばしばあり、上司に従順と言える韓国人部下からも煙たがられるようになった。最終的に2007年末の役員人事で社長から解任され、会社を去ることになった。

幹部ですら社長の前では偉大なるイエスマンに

もちろん、チーム長に異議を唱えるのは日本人（外国人）技術者だけではない。少数派だが、上下関係をあまり意識せずに本音で上司に物を言う韓国人も存在する。とりわけ、日本や米国に留学してグローバルな考えや行動を経験した人材に多い。

筆者の部下だった首席研究員もその一人。彼は日本の大学で博士号を取得していた。はっきりした意見を持ちリーダーシップを発揮できる性格であり、部下からの信頼も厚かった。筆者にも少なからず意見や異論を唱える場面が多かった。

筆者にとって、こうした部下は大歓迎であり高く評価していた。「技術論議に上下関係をつくってはいけない」という筆者の持論から、上司に対して論議を投げかける人材こそ会社の将来を切り開いてくれるだろうと考えていたからだ。

だが、首席研究員は組織変更のタイミングで筆者が率いる開発部門から異動してしまう。その後、上司となった異動先のチーム長が上下関係を強く意識する人物だったこともあって衝突を繰り返し、首席研究員自身が部門内で煙たがられた。筆者も彼を引き留めに動いたものの、結局、サムスングループでの限界を感じ、大学の准教授に転身してしまった。惜しいことだ。

開発部門内では絶対的な権力を持つチーム長だが、サムスングループ全体で見ると、専務や常務など幹部の肩書を持つチーム長ですら直属の上司、すなわち各グループ会社の社長の前では偉大なるイエスマンとなる。

筆者が所属していたサムスンSDIでも、社長の権限は絶大だった。事業部門は社長の一存で、不可能とも思える目標を掲げさせられることもある。

例えば、2007年に開催された経営会議で、長らく赤字が続くディスプレー事業部門を率いる事業部長（専務）が2008年の経営計画として、「赤字額を前年の1／10に圧縮する」と提示したことがあった。だが、当時の社長の「最初から赤字の経営計画など聞きたくない」というひと言で承認されることはなかった。

後日、再開された経営会議でその専務は黒字計画を提出し、社長から承認を受けることになる。黒字計画を提出しないと容認されないと判断したからなのだが、1／10に赤字幅を圧縮するだけでもかなり難しい事業だっただけに、自らハードルを上げたことに驚きを隠せなかった。

だが、赤字計画を提出していたほどなので黒字化は容易ではない。2008年末にそのディスプレー事業部は黒字化を達成できなかった。その結果、専務は責任を取らされ、年末人事で更迭されてしまった。社長の意向に逆らった時点で更迭される可能性があったため、無謀とも言える黒字目標を掲げざるを得なかったのだが、何ともやりきれない気持ちになった。

もちろん、社長の権限は事業部門だけでなく研究開発部門にも及ぶ。社長にある研究開発テーマを提案すると、事業化に結び付け利益を得るところまで約束させられ、基本的に撤退は許されない。仮にそのテーマの将来性がないと分かっても、役員は開発着手の承認から途中経過の報告に至るまで、まるで社長の機嫌を取るようなプレゼンテーションを続けることになる。

ご都合主義とも言えるプレゼンテーションを目の当たりにしたのが、モバイル用途の燃料電池に関する研究開発テーマだ。モバイル用途の燃料電池は既に普及が進んでいたリチウムイオン電池と競合するデバイスで、日本が研究開発を進めていたため、ベンチマークとして開発に着手したのだった。

燃料電池の研究開発がスタートしたのは筆者がホンダから転じた直前。もっと言えば、筆者が入社する直前の意見を反映して、テーマが社長に承認されたものだった。

実は、燃料電池を研究開発テーマとして社長が承認する前に、東京でサムスンへの赴任の準備をしていた筆者は検討メンバーから相談を受けた。その場で筆者が発した意見は、「この燃料電池は日本でも研究開発が進められているが、実用化には多くの問題があり、競争力もない。

よって競合するリチウムイオン電池の開発に集中すべきだ」というものだった。ただ同時に、次のような逃げ道も伝えていた。「本当にダメかどうかを実証するための研究開発ならば取り組んでもいいのではないか」。筆者の意見は、おそらく検討メンバーが最も望んでいないものだったと思う。

筆者が韓国に赴任したのは相談を受けた1カ月後。すると、数十人の規模で燃料電池の研究開発が開始されていた。恐らく社長には、筆者の意見を都合良く伝えたのだろう。

技術論議に上下関係を持ち込むな

だが、燃料電池における技術開発のハードルは高い。しばらく静観していた筆者だが、研究開発テーマの報告会に出席してみると、論拠に欠ける安易な説明が飛び出している。「現時点で燃料電池の性能はリチウムイオン電池に比べて劣っているが、今後2年間で追い越すことは可能」という科学的根拠に乏しい内容を、何枚ものスライドを駆使して説明するのだ。

筆者自身、さすがに取り返しがつかなくなると感じ、「この説明は、リチウムイオン電池の今後の進化がほとんど期待できないという一方的な判断にすぎない。逆に、燃料電池が大きく進化するという主張は極めて主観的で根拠がない」とプロジェクトリーダーに指摘した。

だが、発表者は正面から反論することはなく、「とにかく実現するために頑張る」という精神論を振りかざすのみ。結局、反対してテーマをやめさせようとする役員は筆者以外にはおらず、テーマは継続されることになった。

燃料電池関連の別のテーマでも、発表内容はほぼ同じで自らの都合の良い報告が続く。「開発の先にはどんなビジネスモデルがあるのか。そのシステムを誰が欲しいと言って購入するのか」と問い詰めても、担当役員である常務からは「市場調査で意見を吸い上げるとニーズがある」と返答するだけ。その市場調査が客観性に乏しいだけでなく、主観的分析であることは一目瞭然だった。

このテーマに関しては最高技術責任者（CTO）も筆者の意見に同調して、「そんな製品は誰も買わない。常務、買うのはあなただけだろう」と批判した。それでも、テーマがなくなると推進してきた担当役員やプロジェクトリーダーなど幹部に責任が及ぶため、常務も「そうですね。ではやめましょう」などと言って引き下がることはない。

筆者も、この常務に研究開発テーマの中止を進言したが、「テーマ着手を認めたのは社長。佐藤常務だけがテーマを否定しているけれど、社長からの中止命令は出ていない」というばかり。つまり、社長以外の役員の意見では何も変わらない。

このため、筆者は方針を変えて社長に研究開発テーマの中止を進言することにした。2008年3月のことである。韓国の上下関係の強さを逆手にとったわけだが、この作戦は功を奏した。社長にはテーマの中止だけでなく、同じ燃料電池の研究開発をするのならば、より社会に貢献できるビジネスモデルや、リチウムイオン電池では原理的に実現できない用途を開発すべきだと提案。社長も受け入れる運びとなった。

社長は、筆者の意見や提案をよく聞く側に回った。社長からは信頼されていたので、そこは韓国人幹部も筆者には一目を置いていた。

筆者が社長に直談判しなければ、少なくともその後数年間は引き続き成果の出ないテーマに投資していたことになる。燃料電池関連の開発を進めていた常務は、その後の役員人事で会社を去った。なお、日本でも開発されていた件のモバイル用途の燃料電池は、結局、本格的な量産に至らなかったことを事実として述べておきたい。

技術経営の本質は、いかに洞察し、正しい方向へ導くことができるかどうかにある。これは日本企業でも韓国企業でも変わらない。そのためにも、技術経営に携わる者は常に経営資源のインプットとアウトプットを考え、方向が違えば素早く的確に舵を切り、見込みがないと判断したら決意を持って中止する必要がある。より価値のある方向づけや実行を、責任を持って進めるリーダーシップが問われている。

ホンダやサムスンの事例がそうであるように、技術論議に上下関係という単純な論理を持ち込んではいけない。それよりも部下の意見を聞き、主観的ではなく客観的に判断できる上質の技術経営が企業の発展には不可欠だ。なあなあの文化ではなく、イエスかノーの明確な判断をタイムリーに実行できることが真の技術経営である。

技術は生き物であり、かつ正直である。たとえテーマを推進する人間が都合のいいように物語を作ったとしても、技術は嘘をつかない。本物の技術とは何か、その先に出口はあるのか、どうしたら出口をつくれるのか――。そういったことを真摯でかつ謙虚に、チャレンジングに考えなければ童話で終わる。逆にそういう姿勢で臨めば道を開くことは可能だ。

結局は技術経営を中心となって進める役員幹部と、実行側のプロジェクトリーダーを誰に委ねるかで大きく変わる。両者の技術進化に関する予測力や実現性の可否判断力を持って臨まなければならないのはもちろん、責任と権限を対等に持ち合わせるバランス感覚が重要である。

実は、サムスンの事例と似たような話はホンダでも起きている。それがきっかけで筆者はホンダからサムスンへ転身した。これは「技術論議に上下関係はない」とは別の切り口から論じたい。

第4話

自前主義のホンダ、時間を買うサムスン

成功のカギは技術の獲得と事業化時期のバランス

2013年5月20日、ホンダの航空機事業子会社であるホンダ エアクラフト カンパニー（HACI）が小型ビジネスジェット機「ホンダジェット」の試験用5号機で初飛行に成功したことを発表した。HACIの藤野道格《みちまさ》社長が発表資料の中で「試験の成功は飛行試験が最終段階に入ったことを意味し、我々にとって重要なマイルストーンとなる」と語っているように、量産に向けた動きがいよいよ本格化したと言える。

ホンダ社内で小型ジェット機の研究開発に着手したのは1980年代半ばだった。実に30年近い歳月をかけて新規事業が花開きつつあることは、ホンダOBの筆者にとって感慨深い。

小型ジェット機の開発はホンダにとって未知の領域だ。それでもゼロから研究開発を立ち上

げられたのは、ホンダ本体とは独立した本田技術研究所の存在抜きには語れない。その中でも和光基礎技術センターは、長期的なテーマを研究するための組織である。

前身となる和光研究センターを含めると、ここから生み出されたものは小型ジェット機だけでなく、2足歩行型ロボット「アシモ」「ナビゲーションシステム」「太陽電池」「燃料電池」など枚挙にいとまがない。

小型ジェット機やナビゲーションシステム、太陽電池はそれぞれ20年以上もの歳月をかけて事業化の道が開けた。事業化されていないものの、アシモは試作を重ねるたびに小型化と俊敏性が向上しており、着実な進化を遂げている。燃料電池も自動車用途での開発が進み、事業化の時期が近づいている。

ホンダへの入社以降、筆者が事業部門である製作所の技術スタッフとして勤務してきたことは先に紹介した。実は、入社から12年後の90年2月に念願がかなって、基礎技術研究センターで研究に従事する機会を得た。ここでは研究所時代の経験を交えながら、ホンダとサムスングループの研究開発の手法とその意義を考察してみたい。

ゼロからの研究はホンダのDNA

まずはホンダからだ。ゼロから研究を始めることの最大の利点は、既存の常識にとらわれず、豊かで柔軟なアイデアを実現できることだ。外部の力に極力頼らない自前化はホンダのＤＮＡと言っても差し支えないだろう。

確かに実用化まで時間はかかるが、ゼロから研究開発を進めることで、技術進化の方向性が見えやすくなる。さらに既存技術にとらわれず、場合によっては既存技術を否定して、新しいアイデアを築き、新たな付加価値を創り上げるケースも少なくない。

冒頭に紹介した小型ジェット機はその最たる事例である。同事業は既に他社が手がけていたが、最後発だからこそ、エンジンを主翼上部に搭載するという発想にたどり着いた。

利点はそれだけではない。ゼロから研究を始めることは、人材育成の観点から見ても極めて重要だ。開発を成功に導くためには戦略と戦術を自ら設定する必要がある。この点が開発に成功するか、失敗に至るかの第一の分岐点となる。

この過程で自ら考え、行動に移すことで責任者も技術者も成長できる。また、対象となる業界や技術領域でトップになれるかどうかは別の話だが、成功すれば責任者や技術者は社内のエキスパートになることも可能だ。筆者自身、基礎技術研究センターでゼロから研究を始めた経験を持つ。つらい経験もあったが、技術者として大きく成長できた。

まず、研究テーマを立案するのは自分自身であり、どの分野を取り上げるかで技術者としてのセンスが問われる。もちろん、良いテーマに巡り合うかは運と洞察力だが、会社だけでなく社会全体に貢献できるかどうかや、自らのやりがいを考慮する必要がある。筆者は事業部門で錆問題などを解決してきた経験を踏まえて、研究所ではさらに大きなテーマに取り組むことで技術者として一層成長しようと考えていた。

だが、研究テーマの設定に向けて調査を開始したものの、なかなか決まらず、時間だけが過ぎていった。最終的に研究テーマを立案できたのは、赴任から半年以上が過ぎたタイミングだった。車載用大型電池の開発である。

90年9月、米国カリフォルニア州で「ZEV（ゼロエミッションビークル）」と呼ばれる規制が成立した。同州内で一定以上の自動車を販売するメーカーは、98年までにカリフォルニア州における販売台数の2％を電気自動車（EV）にしなくてはならないという法規だ。

米国市場に進出済みだったホンダにとって、ZEV規制への対応が重要課題になることは目に見えていた。つまり、EVのコア技術となる電池やモーターの開発が求められるようになるということだ。化学系を専攻した筆者にとって、車載用大型電池の開発はまさにうってつけのテーマだった。

もちろん、社内からの要請もあった。基礎技術研究センターの上司である役員研究員から、電池の研究開発に着手しないかと打診を受けた。そのほか、栃木研究所の役員研究員からは、

「佐藤さんは錆問題を直接解決した実績があるし、電池も電気化学反応だから最適な人材ですね」という強力なメッセージを頂いた。錆問題を解決した実績から、「化学分野＝佐藤」との構図ができていたことが幸いした。

もっとも、当時のホンダで車載用電池の研究開発を手がける人間はほとんどいなかった。91年に入って本格的な研究を開始したものの、人や設備、予算のいずれもない状態だった。まさにゼロから立ち上げである。

この間、苦労は絶えなかったが、専業の電池メーカーと対等な立場で議論ができるようになったのは大きな財産だ。小型電池では事業を有している電池各社でも、車載用電池となると自動車の要求特性が全く異なる。自動車開発の立場から特有の研究をしていたからこそ、独自の見解を述べることができた。

筆者が発表した研究論文は電池メーカーで教材として使われていると聞く。筆者自身、車載用電池の国際会議からも招待されるほどに成長したし、特許を出願してホンダの存在感を高めることも実践した。最終的に車載用電池の開発は首尾よく終わり、世界初のニッケル水素電池搭載のＥＶを米国で供給することにつながった。97年5月のことである。

サムスンのR&Dは時間短縮がメーン

このように、ゼロからの研究開発は人材を育てるという観点からは多くの意味がある。一方で、ビジネスのタイミングを失いかけるリスクもある。

ホンダにおけるその一つが太陽電池事業だ。2006年12月に事業子会社、ホンダソルテックを設立したものの苦戦を強いられた。セルタイプは結晶シリコンではなく、CIGSと呼ばれる銅やインジウム、ガリウム、セレンなどからなる化合物を用いた太陽電池だが、価格下落や他社との競争優位性、さらには事業規模の拡大が難航していることなどが重なり、厳しい環境下に置かれた。結果として、2014年3月に事業から撤退している。

これに対し、サムスングループにおける研究開発のスタンスは、時間をいかに短縮するかが優先される。ホンダのような長期的視点に立った考えや行動はとらない。新事業を開拓する際には、グローバルな観点から見て、その分野で強みのある技術を持つ企業との合弁やM&A(合併・買収)を模索する。競合企業から人材を引き抜くなど、ありとあらゆる手段を使って最速で事業化につなげるわけだ。

2011年の1年間だけでも、サムスングループは海外の大手企業と数多くの提携を発表した。例えば、サムスン電子は米クインタイルズと医薬品関連の合弁会社を設立した。サムスン精密化学は米ＭＥＭＣと多結晶シリコンウエハー事業で、戸田工業とはリチウムイオン電池向けの正極素材事業で合弁会社の設立に至っている。なお、戸田工業との合弁事業は筆者自身が深く関わったものだ。

このほかにも合弁会社設立の事例はある。サムスンＬＥＤにおける住友化学とのＬＥＤチップ基板事業、サムスンモバイルディスプレー（現サムスンディスプレー）における住友化学とのスマートフォン向けタッチパネル事業、宇部興産との有機ＥＬディスプレー用基板樹脂事業などがそうだ。提携相手となる企業は、その分野での技術力が高く、多くの場合でウイン・ウインの関係が構築されているといってよいだろう。

もちろん弊害はある。グローバルでのＭ＆Ａが必ずしも成功につながるという保証はない。失敗すれば振り出しに戻ることとなり、時間を買うはずが失うことになる。

その事例の一つを紹介する。筆者が所属していたサムスンＳＤＩが２００８年に独ボッシュと設立した車載用電池事業の合弁会社、ＳＢリモーティブだ。サムスンが持つリチウムイオン電池技術とボッシュが持つ制御システム技術、欧州の自動車メーカーとの関係を融合することで、車載用電池事業を迅速に立ち上げる算段だった。

筆者自身が提携交渉に直接関わったわけではないが、車載用電池の専門家として社内の経営会議で意見を求められたことがある。その際に筆者は、「車載用電池事業を実用化するためには、ボッシュの強みである制御技術もサムスンSDI社内で開発すべきだ」と提言した。合弁ではなく自社単独で手がけることで、将来的に大きな利益を生むと考えたからだった。

当時、車載用電池の開発をリードしていた旧三洋電機は、電池の制御システムを含めた形で事業化しており、付加価値の向上に成功していた。最初から制御システム分野のエキスパートはいなかったようだが、車載用電池事業の成功にはすべての技術と人材を育成しないといけないという判断を下したのだろう。

しかし筆者の提言もむなしく、サムスンSDIはボッシュとの提携に踏み切る。社長も筆者の意見は納得してくれたものの、社内に専門家がおらず技術力が高い会社と組むべきとの判断が優先された。

その後、サムスンSDIとボッシュは両社の考えと戦略が噛み合わなくなり、2012年9月に合弁解消を決定した。結局、サムスンSDIは制御システムをゼロから開発する羽目になり、事業化に多少ブレーキがかかった感じだ。

一方、ボッシュは新たにGSユアサや三菱商事と車載用電池事業で提携、「リチウムエナジー アンド パワー」を2013年11月に設立した。出資比率は、ボッシュ50%、GSユアサ25%、三菱商事25%だ。この連携が功を奏するかどうかが注目される。

サムスンでは5年もすればエキスパート

サムスンの場合は、自分の専門性を比較的狭める傾向がある。すなわち専門性を意識して周辺領域に開発の手を伸ばすようなことはなく、電池本体の研究開発に携わる者がシステム制御のような部分まで食指を伸ばして専門性を身に付けることもない。したがって、先に紹介したボッシュとの合弁のような姿を好むのである。

ホンダの場合、エキスパートと呼ばれる人材は10年以上ものキャリアを積んだ経験者がイメージされるが、サムスンでは10年以上もその分野で専門性を培うケースは少数派であるから、5年も携わっているとエキスパートのようなイメージを自ら持つようだ。

日本企業には、各業界のそれぞれの分野でグローバルに活躍し注目されるエキスパートは数多くいる。しかしながら、基礎研究から長い時間をかけて事業化に結び付ける日本の強みが、必ずしもその分野における優位性につながっていない部分も多い。日本の強みを一層発揮できる仕組み作りが、今後の大きな課題である。

ホンダとサムスンが進める研究開発のスタイルは180度異なるが、どちらが優れているかという議論ではない。それぞれの企業文化と、戦略から実行に移していくプロセスに差があるのだ。ただ、事業を成功に導こうと思えば、どこに勝機があり、どこにリスクがあるかという分析がリアルタイムで必要だ。

特に重要なことは、ターゲットとする事業を取り巻く環境をグローバルに分析した時、果たしてどれだけの強みと弱みがあるのかを客観的に判断することである。技術や知的財産の獲得、そして事業化のタイミングと勝算をうまくバランスさせることが求められている。このバランスを取るのは簡単ではない。技術経営力がまさに問われる場面である。

第5話

キャリアアップを本人に任せるホンダ、上司が決めるサムスン

技術者の異動を通して文化的相違を考察する

グローバル社会での昨今の動きを見ると、業種にかかわらず個人のキャリアに重要な価値があることを認識させられる。日本においても、終身雇用という考えが徐々に薄れ、優れたキャリアを持った技術者が転職することは珍しくなくなった。優秀な人材が流動することで、結果として企業が発展するケースも多い。結局は「企業は人なり」ということなのであろう。

『日経ビジネスオンライン』の記事の中に、「サムスンに多くの転職者を出した日本メーカーは?」(2013年6月5日)という興味深い記事がある。同記事は日本に出願された特許情報を分析することで、サムスンに転職した技術者の出身企業や得意分野を特定している。サムスンの技術発展に、日本の技術者が大きく貢献してきたことは事実である。

筆者の技術者としてのキャリアは、技術論議で本質を議論して腐食問題の解決に貢献したこと、さらに当時の和光研究センターで電池研究室を立ち上げ、電気自動車（EV）と電池開発に最初から関わったことから築かれた。いわば、事業の最下流における現場のエンジニアから、ホンダの最上流に位置する基礎研の両方で技術者としてのキャリアを積み上げたと言える。

このような筆者のキャリアアップには、ホンダが持つ思想が明確に表れているように思う。ここではキャリアアップという視点で考察し、ホンダとサムスンを比較分析してみたい。

会社にいながら博士号を取得したホンダ時代

鈴鹿製作所に在籍していた1986年のことだ。上司のT工場長にこう言われた。「佐藤君、腐食問題の解決はご苦労さま。研究開発のために欧米のどこかに留学してもいいよ。鈴鹿の社員だけでも1万人いる。その中に1人ぐらいそういう人がいてもいいから」。欧州はなじみもあり好きだったので、その時はドイツにでも留学しようと考えた。

しかし、ホンダの文化では留学など似合わない。本田宗一郎の「現場」「現物」「現実」の三現主義に基づけは、学術研究や留学などが伴わなくても技術開発は推進できる。そのことは筆者も承知していた。また、仮に3年ほど留学して博士号を取って戻ったとしても、上司は変わっているだろうし、席があるかどうか分からない。どんな仕事をするのかも読めないためリスクが大きいと判断した。

そこで考えたのは、日本の論文博士制度の活用である。これは企業内研究でも研究成果を積み上げれば審査を経て博士号が取得できるという制度で、勤務時間帯は技術開発業務に携わり、研究論文は夜や休日を使えば仕事を犠牲にすることはない。これを提案し、最終的に認められた。

当時、いろいろな企業の幹部や技術者と協業・交流をしていた。その方々から紹介を受け、東京大学の応用化学部門で論文の面倒を見てもらうことにした。筆者の研究分野の最大の理解者は東京大学生産技術研究所の増子昇所長だったが、所長という大学経営の立場で審査の主査はできないとのことだったので、増子所長には副査になっていただき、今は亡き本郷の内田安三教授（後に長岡技術科学大学学長）に主査、そのほか3人の教授に副査をお願いした。

もともと原著論文の数は規定数の10編以上を持っていたため、わずか1年ほどで工学博士の学位が頂けた。88年7月に正式に授与されると、9月の本田技研工業創立記念式典で特別表彰を受けた。これは学位を取ったこと自体だけではなく、確立した多くの技術が量産製品へ適用されて会社への貢献があったという判断基準だった。

この時点では上司はO工場長に代わっていたが、このような活動に理解を示してくれていた。ホンダでの業務を通じて学位を取得したのは過去3人で、筆者は歴代4番目となった。第1号は筆者がホンダの中で尊敬していた一人、当時の八木静夫特別顧問（CVCCエンジンの開発トップ、2013年他界）であり、後に激励の言葉を頂きながら、お酒をともにする機会も増えていった。

その後、当時の吉野浩行常務（後のホンダ社長）から呼び出しがあり、「経過を聞かせてくれ」とのことで面会した。会うといきなり、「東大で学位を取ったと聞いたけど、仕事が暇だったんだね」と言う。すかさず反論した。

「そんなことはないですよ。研究所の天皇さまとも技術論議で闘っていましたよ。結局は私の提案が実用に結び付き、製品品質が向上し、クレーム費が激減して会社に貢献したことになります。併せて、何故こんな品質問題が起こったのかを科学的に解明したいと思い、それができた結果です。そういう人物が1人、2人いてもおかしくないと思うのですが」

すると、吉野常務は「なるほどそれもそうだ。ところで、今後どんなことをしたいの」と問いかける。

「クレーム費もなくなって製品も市場から認められ、学位も取れたということで、この分野で業務を継続しても重箱の隅をつつくようなものです。できればこの分野を卒業して方向転換させていただきたいと思います。21世紀になれば、自動車は環境とエネルギーという大きな課題がのしかかってくるはず。であれば、今の時点で私がそういう準備をする業務に就いたほうが会社に貢献でき、自分のさらなるキャリアアップにつながると思います」と主張した。

吉野常務は「そうか、分かった。ともかくいろいろな人と相談して、自分で判断し提案してよ。どこに行って何をするのでもいいから」と言うではないか。なんてすごいことを言ってくれるのかと感動した。どこに行って何をしてもいいなど、そんなことは会社に入って聞いたことがない。あり得ないと思っていただけに、考え方のスケールがなんて大きい人なのかと心底驚いた。

その後、上司、同僚、他企業の方たちにも相談しつつ、自分の考えをすべて整理した。そして、新技術、新事業を開拓する本田技術研究所の和光研究センターへの異動を、鈴鹿製作所の当時の上司であったO工場長と吉野常務へ自ら提案した。鈴鹿の地を離れ、和光研究センターに赴任したのは90年2月のことだ。


このように、本人に人事異動を好きなようにさせる経営の器がホンダにはあった。もちろん、多くの技術者がそういう対象になるわけではないが、経営者の考え方一つである。「成果を出し、チャレンジ精神のある者にはチャンスを与える」という当時の吉野常務の考えと発言があればこそで、まさに経営者としての長期視点を垣間見た場面であった。

実績がキャリアを形成し、キャリアが次なる機会を得るという循環はあり得る。逆に言えば、成果を出さなければ次なる機会は訪れない。そのためにも、エンジニアとしては巡り合ったテーマと徹底的に向き合い、成果を出すことに集中すべきだ。たとえ、そこに上下関係の障壁が現れたとしても、それを打破する意思が必要だ。逆境や苦難を乗り越え、克服することでキャリアは形成される。

そこに至るまでには失敗もあるだろうが、それを教訓に新たな発展につながることもある。いずれにしても、重要なのはエンジニア自身が何をどのように解決し、キャリアを積むかということだ。社内でのエキスパートになるだけでなく、社外や業界からも認められるエキスパートこそが本物のエキスパートである。

そのためにもグローバル時代の現代はなおさら、外部との交流や人的ネットワークの形成によって自身の器を広げることが不可欠だろう。閉ざされた社内だけでの活動であれば、ともすれば唯我独尊の境地に至ってしまう。

社名に「SAMSUNG」がないとダメなサムスン人

一方で、サムスンにおける技術者のキャリアアップのプロセスはどうか。サムスンでは専門性や希望を勘案して最初の配属が決められ、その後はトップダウンの命によって与えられるテーマに集中する。それがあまり意味のなさそうなテーマであっても、上司から評価されるために成果を出そうとするのは説明した通りだ。

せっかちな気質の韓国において、課題や調査、分析などが必要になれば時間をいとわずがむしゃらに進める。よって上司の指示を短時間で遂行するために徹夜での業務になることも多々あり、よってサムスンは激務というイメージになる。

サムスン人が新入社員の段階から目指すものは、その道のエキスパートとなって存在感を高めることより、昇進を続けて、やがては役員に登用されることだ。若手が成果を出せば昇進の機会は得られるが、必ずしもその分野の専門性を高めることに重きを置いていないのも実情だ。

一定の成果を出しつつ、ジョブローテーションを繰り返しながらポジションを上げていくケースが多く、特定の技術分野で第一人者になろうという考えを持つ者は少数派。その分、マネジメント側に寄ったほうが昇進の機会が多いと考えるのも無理はなく、マネジメント系が強いサムスンとも称されるゆえんである。

基本的に、人事異動を本人に委ねるような考えはなからない。異動に関する上下関係の協議もほとんどない。トップダウンの社会であるがゆえに、人事異動も完全なるトップダウン方式である。

本人のキャリアアップより、形や立場を優先するサムスン人の文化の一端を紹介しよう。

2008年に、サムスンがドイツのボッシュと車載用電池の合弁会社を設立した話は既に述べた。それまでは電池本体の研究開発は中央研究所で行っていたが、これを機会に、車載技術の統合システムを得意とするボッシュとの協業にて新たな事業を展開することになったのだ。

それを受けて新会社はSBリモーティブと命名され、サムスンSDIの子会社機能となった。この部門に在籍していたサムスンSDIのメンバーは名刺がSBリモーティブになるわけだ。しかし、ここで問題が生じた。人事辞令を発令する際に、特に新入社員や若手の間で発令が思うように進まなかったのである。

トップダウン社会のサムスンにおいて、発令に支障が出るなどということはほとんどない。それだけ深刻な事態だったことを意味する。理由は、名刺から〝SAMSUNG〟のロゴがなくなるから。SBのSはサムスンを意味し、Bはボッシュを表すのだが、確かにSAMSUNGの表記はなくなる。

「サムスンに入社したのにSAMSUNGの表記がなくなるのは心外」「SAMSUNGロゴのない会社には異動したくない」「SAMSUNGのロゴがなくなったら結婚できなくなる」など、想定を超える反発が出てきた。上司も人事も困惑した。

1カ月かけて説得した者、どうしても異動したくないという理由で他部門に異動させてもらった者、会社を去る者——様々な現象が起こった。中堅メンバーにはそのような考えを持つ者は少なかったが、若手には多かった。

車載用電池の本格実用に向けた事業展開を図るのだから名称が変わったとしても、担当する分野は変わらない。それよりも本格的な事業に展開できれば、少なくとも車載用電池事業の中では社内エキスパートとなり得る環境下にある。にもかかわらず、名称へのこだわりが強く、実質的なキャリアアップよりも形を非常に気にするのだ。

専門エキスパートへのこだわりは少ないのだから、専門分野で5年も担当すればエキスパートのような錯覚すら抱くようになる。顧客を訪問して自己紹介する際にも、本人がこの分野で3年足らずの経験であっても、「3年も関わっている」という表現を度々する。独特の文化である。欧米諸国の企業でもこのような光景や発言を見たり聞いたりすることはほとんどない。

肩書に加えて〝さま〟を付ける奇異な文化

自身の昇進に最大の関心があるサムスン人にとって、肩書は極めて重要だ。社長、役員、部長、次長、課長と肩書を持つ相手に話しかける場合に肩書を付けるのは必須だが、自分を呼称する場合にも、「○○部長」「△△次長」のように必ず肩書を付けて表現する。日本では上司に対しても「さん」付けで対応する企業が増えているが、サムスン人の考えは当面変わることはないだろう。

形を気にする上下関係もしかり。韓国文化では上司に対して「肩書+さま」で表現する。サムスンに赴任した筆者のことを、部下が「佐藤常務さま」と呼ぶのだ。ホンダでは「さん」付けの慣習にあった筆者にとって、「肩書とさまのダブル呼称」は極めてなじみにくいものであった。時に、同僚の役員が常務さまと呼んでくることもあったが、こうなるといささか奇異な感じになってしまう。と言いながら、そんな風土で仕事をしていると、その慣習はおのずと自分自身にも付いてしまったが……。

形を気にするのはサムスン人だけでなく韓国人気質だろう。サムスンへ移籍した際に1年間、韓国語の先生によるレッスンを1対1で受けた。韓国では先生の地位が高く、プライドも高い。筆者を担当した女性の韓国語の先生に、ある時「××さん」と声をかけたら、「××先生さまと呼んでください」と諭された。「先生」を付け、かつ「さま」まで付ける丁寧さである。

ひいては、韓国における大学進学率世界第1位も、こうした文化慣習に根づいているものと思える。「まずは身なりと形を整えて」という形式主義から進学率もトップになるのだが、逆に就職の段階の正規採用が45%程度ということとのギャップが大きすぎる。

キャリアアップで成果をもたらし、個の成長と発展を目標とするホンダの文化、一方では昇進を最大の目標と考え、競争意識をあらわにして行動するサムスンの文化は大きく異なる。今後の企業文化として見ると、互いの利点を融合させるような新しい文化を創ることも価値があるかもしれない。

第6話

責任の取り方が曖昧なホンダ、峻烈なサムスン

失敗の経験が次に生きるというのは本当か？

パナソニックやソニー、シャープ、NEC——。「リストラ」の名の下、日本の名だたるエレクトロニクス関連企業から多くの技術者が退社を余儀なくされている。一方で、日本企業から数多くの技術者がアジアの企業、とりわけサムスングループに移籍しているのも事実だ。もっとも、リストラはサムスングループでは日常茶飯事といった光景だ。若手社員から幹部社員に至るまで、会社を去る人間は後を絶たない。

例えば若手社員の場合、グループ全体で大卒以上の新入社員数は毎年約1万に達するが、1年後にはその約10％が、3年後には約30％が去っていく。会社側が退社を命じているわけではない。最大の理由は、仕事がきつくて大変、あるいは社内の過酷な出世競争を目の当たりにし、

自信を喪失することに端を発している。

若手社員は自主的に退社することがほとんどだが、役員はもとより、開発責任者など部長級では強制的に退社させられる場合がある。つまり、経営トップが役員や部長級の責任を追及し、本人が社内にとどまれず退社していくわけだ。

筆者自身、ホンダからサムスンSDIに移籍して以降、幹部社員が会社を去る姿を何度も目にした。ここでは、サムスングループにおける責任の所在について議論してみたい。

失敗した首席研究員はひっそりと会社を去った

実際に、部長級社員が会社を去る現場に遭遇したのは2007年のこと。研究開発が急ピッチで進められていたシリコン結晶系太陽電池の事業化の過程においてである。既に、日本ではシャープや京セラ、旧三洋電機がシリコン結晶系太陽電池事業でトップシェアを誇っており、サムスンSDIの立ち位置は周回遅れどころか10年以上も遅れていた。

日本企業各社が太陽電池事業で成功を収めていた背景には、日本政府に働きかけて補助金制度を作り上げていたことが大きい。つまり、ビジネスモデルを構築しやすい環境だったわけだ。これに対して韓国では、日本のような家庭用太陽電池のビジネスモデルを実現するのが難しかった。理由は大きく2つある。

まず一つが、電力料金が日本の約3分の1であり、太陽電池を家庭に導入してもユーザーメリットが得られないこと。もう一つが、全世帯の60％以上がアパート形式（日本のマンションに相当）のため、屋根面積の確保が困難であることだ。戸建住宅も存在するが、高級住宅地はソウル市内の限られた地区のみ。多くは田舎にあり、経済的な側面から太陽電池の導入は困難だ。

サムスンSDIが太陽電池事業で成功を収めるには、日本とは異なるビジネスモデルを構築する必要があり、メガソーラーなどの大規模発電施設にターゲットを絞り込んでいた。当時のサムスンSDI社長も事業化には前向きで、プロジェクトリーダー（PL）を務める中央研究所の部長級の首席研究員からの報告会は頻繁に実施されていた。

事業化に向けた課題は明確で、勝てるシナリオを見いだすことだった。事実、社長からは毎回、「切り口は何だ」「勝算はあるのか」との質問が飛んでいた。担当の首席研究員は「発電効率を世界一に高めていきます」との回答に終始していたが、発言を裏づける独自技術は存在せず、発電効率の記録を更新し続ける日本勢との差は広がるばかりだった。

筆者も技術経営の立場で会議に出席していたのだが、太陽電池の発電効率では日本企業に対して勝ち目はないと感じていた。このため担当の首席研究員に、「日本企業の研究開発は緻密。飛び道具がない中でサムスンSDIの発電効率が日本勢を凌ぐという計画の根拠が見当たらない。気持ちだけではダメなのでは」と投げかけてみたものの、聞く耳は持っていない。その結果、議論は進まず事業化に向けた具体的なシナリオは描けないままだった。

このような報告会が続いた2005年末、社長が耐えかねたのか、担当の首席研究員に詰め寄り、「同じような報告を何度も聞いたが、先が見えてこない。何年やっているんだ。事業化のメドが立っていない。あと1年は待つ。それでも先が見えないなら、その時には会社に来ないで家にいろ」と叱責。報告会場は緊迫した空気に包まれた。

だが、発電効率を日本企業並みに高める打開策はない。開発陣の必死の努力も虚しく、とうとう2006年を迎えたある日、サムスンSDIの社長と役員数名が集まり、このままシリコン結晶系太陽電池の開発を続けるべきかどうかの論議がなされた。選択肢は大きく2つで、継続か、サムスン電子への移管だった。

筆者の提案は後者だった。会議では「サムスン電子はシリコン技術を使った半導体事業や液晶事業で世界トップ。サムスンSDIよりもサムスン電子のほうがシナジー効果も高くビジネスモデルを構築しやすい」と主張した。懸案事項はあるものの、社長も他の役員からも異論はなく、結局、その方向で検討することで合意に至った。

最終的に2007年には、特許や研究開発陣の異動などを含む移管手続きが進められた。開発を主導していた首席研究員もサムスン電子への移管手続きに加わっていたが、見通しが立つと会社から去っていった。

その後、サムスン電子で開発から小規模の量産まで進められた太陽電池事業は2011年7月に、サムスンSDIへ還流されることになる。理由は多々あるが、一つはサムスンSDIがこれまでのディスプレー企業からエネルギー企業へ変革する過渡期であり、エネルギー関連事業を束ねることでシナジーを出す狙いがあった。

ただし、サムスンSDIの太陽電池事業は、競争や価格下落が激しいシリコン結晶系から「CIGS（銅・インジウム・ガリウム・セレン）」に方針転換している。CIGS系の太陽電池は日本のソーラーフロンティアがリーダーシップを発揮していて、サムスンSDIは後塵を拝している。

成果の横取りで生き延びる幹部も

このように、サムスンでは部長級の社員であっても、開発テーマが事業化などに結び付かなければ、会社に居場所がなくなったり、居づらくなったりして退社せざるを得ないケースがある。

成果を出さないと生き続けられないサムスンでは、多くの試練が待ち受けている。役員以外の場合には不祥事を起こさない限り基本的に解雇はないが、役員に近い立場になると、先に紹介した太陽電池プロジェクトのように責任が問われることがある。サムスン役員の引責辞任の事例は枚挙にいとまがない。

ただ最近は、成果を生み出せなくても、うまく立ち振る舞って会社にとどまり続ける部長級も存在しており、少し前のサムスンとは変わってきている面もある。また組織をまるごと手中に収め、権限を駆使することで自己の成果を最大限誇示しようとするケースも少なからずある。

実際、筆者もそうした現場に遭遇しかけたことがある。韓国の中央研究所で業務を行っていた2008年のこと。サムスンSDIのリチウムイオン電池事業は、韓国・天安にある電池事業部が開発から生産、販売までのビジネスを手がけており、日本勢のシェアを脅かすまでに成長していた。

その当時、リチウムイオン電池の中期的な研究テーマを担当していたのは、筆者が所属していた中央研究所だった。研究所から事業部へ移管されるテーマは頻繁にあるわけでもなく、時間もかかる。こうした中で、副社長だった電池事業部長から「研究所に電池の研究開発機能は不要。事業部へまるごと移管してくれ」と提案されたことがあった。

仮に電池の研究開発部門を事業部に全面的に移管したら中期テーマを立案しても、短期テーマに引きずられて埋没しかねない。研究所が存在しない電池会社などないわけで、筆者を含めた研究所の関係者は反論を繰り返し存続させることになった。

他の面白い事例も紹介しよう。2010年8月ごろのことだが、日本の自動車産業と関わりを持つべく、サムスングループの製品展示会を日本の各自動車会社で開催しようという企画が、グループ戦略の一環として浮上した。この企画を、当時の副会長がヘッドとなって進めることになった。

この話が、副会長のもとにいる役員を通じて筆者に伝えられた。筆者は2009年9月から東京に逆駐在するような形で業務を進めていた。日本の自動車業界や電池業界、部材業界に多くのネットワークを持っていたので、そこから新たなビジネスモデルを創り上げるというミッションがあったためである。

といっても、大手自動車各社に対する製品展示会は多くの企業が企画、提案しているだけに、申し込んでもすぐに実施できるわけではない。韓国最大財閥のサムスンであっても、立場は他社と全く同じで、正式な順番で登録すれば1年から1年半後となる。

サムスングループの戦略部門に、「1年以上待機」と連絡しても理解されないのは重々承知していたので、どうにかして可及的速やかに実現しなければならない。それには筆者が有している人的ネットワークを最大限活用するしかなく、実現に向けた調整を図ることにした。

日本の自動車会社ビッグ3の経営陣に働きかけることで、結果として4カ月後に各社における製品展示会を実行できた。ある自動車メーカーの担当者は、「こんな短期間で、これだけ大きな製品展示会が実施されたのは初めて」と驚きを隠さなかった。

半導体、液晶、有機EL、LED、リチウムイオン電池、充電器、素材など、サムスングループで自動車産業に貢献できる製品は少なからずある。しかし、それまではPRするような場面もなかったわけで、展示会を見ていただいた多くの経営層や幹部から、「こんなに製品があるとは知らなかった。これからぜひ検討してみたい」と大きな反響を得た。

サムスンには日本に駐在している韓国人役員も多くおり、この企画で一緒に活動していた役員も数人いた。その韓国人役員が韓国に出張帰国した際に、日本の自動車各社での展示会を、どうも自分の成果と表現していた役員がいたことを後で知った。

「佐藤常務、あなたが仕組んで短期に実現できた製品展示会だったと理解しているが、日本にいる韓国人の役員が、あたかも自分の力で実現できたようなことを韓国で言っている。佐藤常務も自分の成果としてもっと主張しないと全部彼の手柄となりますよ」。グループで直接担当していた役員からこのような電話が入り分かったことだが……。

考えにくいことが実際に起こるのがサムスン劇場である。驚きはしたものの、そんなことで筆者の成果だなどと主張するのも大人げないし、「そんな手柄が欲しければくれてやる」くらいの気持ちでいた。翌2011年の役員人事で彼は副社長に昇進。本件の成果がどこまで効果があったかは知る由もない。

短期的な成果で勝負することが多いサムスンならではの物語と言えるが、組織と個人の成果を最大限発揮するためにあらゆる手段を使う文化がある。

「代わりはいくらでもいる」と考えるサムスン

明確に責任を取らされるサムスンとは対照的に、ホンダは責任の取り方がある面で曖昧だ。別のところで詳述するが、ホンダがキャパシター（大容量電気二重層コンデンサー）の研究開発に経営資源を集中したものの、事業化できなかったという一件がある。車載用としてリチウムイオン電池がふさわしいと考えていた筆者が、会社を去るきっかけになった出来事だ。

ところが、キャパシターに経営資源を投入したものの、絶対エネルギー容量の不足で思うような成果が出せなかった。当初の目標だったハイブリッド自動車への適用は実現せず、2006年には燃料電池自動車用電源としてのキャパシターをもあきらめ、代わりに日立ビークルエナジーのリチウムイオン電池に切り替えることになってしまった。筆者がキャパシターの方針に反対したのが1995年。10年の時を無駄にしたわけだ。

この件で、キャパシター開発を指揮していたホンダの責任者は責任を取らされていない。ホンダではキャパシターの失敗をどのように考えているのか、本田技術研究所の社長も務めたホンダ本社の元専務（既に退任）に、自動車技術会の懇親会で尋ねたことがある。すると、元専務は次のように回答した。

「そんなことでいちいち責任を取らされていたら、ホンダの経営陣や開発責任者が社内にいなくなってしまう。明確に責任を取らない、取らせないのがホンダの良い文化だよ」。確かにこの回答には一理ある。失敗の経験を次に生かすという性善説的な考えだ。

厳格に責任を求めるサムスングループでは、役員の数が日本企業に比べて格段に多い。サムスングループの社員は全世界で約43万人いるが、役員は1400人に達する。そのうち外国人役員は約200人。それほどまでに多いのは、ミッションを限定することで、責任を明確化しているためだ。

役員を多く任用している結果、「成果が出ない」といった業務上の失敗については、「代わりはたくさんいる」とばかりに厳しく責任を追及される。ミッションの未達は命取りになるので、その時の流行や雰囲気で開発テーマを設定するが、ミッションを成功させる打率はそう高くはない。結果的に、引責辞任する役員が相次ぐ。

半面、自身の成果を最大限表示し、次なるステップへ昇進しようとする熱意と意気込みは大したものだ。ミッションを達成させるために、組織力、ネットワーク、個人の力量を絡めながら全力で自身の行く末を定めていく。かように、サムスンとホンダの文化は異なるのだ。

第7話

謙遜が過ぎるホンダ、自己主張が激しいサムスン

苛烈なグローバル化時代で必要とされる能力とは

韓国企業に勤務して驚いた文化の一つとして、責任の所在を明確にして果断な措置を図る事例を紹介した。実は、韓国企業での勤務で驚いた文化がもう一つある。韓国人の強烈な自己主張だ。役員や部長、次長級の幹部級社員だけではなく、入社2〜3年の若手社員でも自己主張が激しい。これは日本との大きな差だろう。

韓国人の自己主張が最も顕著に表れるのが、個人での業績評価だ。評価システムそのものは、ホンダとサムスンでそれほど変わらない。期初に年間のテーマと目標を設定し、期末には部下の自己申告をもとに、上司が最終的な評価を決定していく。サムスンでは役員でも同様のシステムである。筆者自身、両社で自らの目標を設定してきたが、日本企業でも類似した評価制度

を設けているところは多いと思う。

もちろん、ホンダとサムスンの違いは多い。まず、期初の目標設定では、ホンダの場合、目標値をやや背伸びする形でモチベーションを高く設定する傾向がある。一方、サムスンでの目標設定は背伸びせずに、それほど困難なく達成できるレベルで設定する。

その理由はなぜか。疑問に思った筆者は、2011年に日本に駐在していた韓国人の次長に尋ねてみた。すると回答は、「もし期末の段階で本人が掲げた目標が達成されていないと、本人の評価も当然低くなります。だから達成できそうな目標を設定しています」というものだった。

ホンダの文化では目標を高く設定することで自身を奮い立たせるのだが、サムスンの文化では達成できなかった場合のリスクを第一に考える。サムスンでは、昇進し続けるには評価が高いことが絶対条件なので、目標設定がどうしても保守的になってしまう。

自己申告の評価が高いサムスンの社員

自己主張の文化が色濃く反映されるのは、期末の自己申告だ。サムスンにおける期末の自己申告では、社員自身が上から、A、B、C+、C、D、Eの6段階の評価を付ける。ここでは、C+が普通の評価となり、それ以下では低評価という位置づけである。

筆者自身、部長級から若手まで社員に評価を下す立場にあったが、これが容易ではない。誰もが高い自己申告を提出してくるからだ。ざっくりと言えば、95％の社員がAを、残りの5％の社員がBを付けてくる。標準評価のC＋以下の自己申告をしてくる社員は誰ひとりとしていない。こうした傾向は職位を問わず、部長、次長、課長、新入社員に至るまで共通している。

この理由についても、韓国人の次長に直接尋ねたことがある。すると、「本人が付けた評価をひっくり返して高い評価をつける上司の役員はいません。だから、ほぼ全員がA評価を申告します」との回答だった。もはや自己申告の意味をなしていないが、これがサムスン流だ。

サムスンでも社員の評価は役員決裁となる。双方向の理解が必要なため、部下の自己申告書が出された時点で面談が実施される。筆者はA評価を申告してくる韓国人社員に、「あなたの能力は現在が最大で、これ以上の成果はあまり期待できないことを意味しているね」と質問を投げかけてみたが、そんな変な質問を投げかけてくる韓国人役員と接したことがなかったのだろう。韓国人社員の反応は、外国人である筆者の質問にポカンとするか唖然とするかのどちらかであり、即答はなかった。

面談後、全体で調整をして約1カ月後に最終結果を本人に通達するのだが、当然のごとく若手社員の多くは標準的なC＋の評価に落ち着く。社員の自己申告と実際の最終評価との間に、大きなギャップが生まれるわけだ。

その後、実際に「あなたは、こういった理由から今回の評価はC＋です」と評価結果を渡そうとするとどうなるか。日本企業であれば、標準的な評価を知らされても「分かりました」と、納得しなくても結果を受け入れることだろう。

だが、サムスンではそうはいかない。「どうしてC＋評価なのですか。成果を出し目標も達成しているのに、C＋という評価には納得できません。いったい誰が高い評価を得ているのか教えてください」と異口同音に食い下がる。ここに男女の差はなく、この迫力だけは評価に値する。

こうした光景は日本ではあまり見られないだけに、最初は筆者も一瞬たじろいだ。しかも、上司として評価通知書を渡そうとしても、「評価に納得していないので受け取れません」とまたしても食い下がる。こうなると、評価を決めた理由を延々説明しなければならない。

儒教国家の韓国は上下関係が明確なため、通常は上司の立ち位置が絶対的だ。しかし、話が個人の評価になると事情が異なる。社内での昇進競争に大きく影響するため必死になる。

韓国人社員は自己主張が激しいため、個人主義に陥りやすい。会社へ貢献したいと考えるよりも、自らの将来を第一に優先する。なので、高い評価が得られないと昇進競争に出遅れてしまい、結果として自信と希望を失い退社していく。サムスン社員の平均的な在籍年数が8・2年と言われている背景には、このような事情がある。

日本人の謙虚さは国内では今でも美徳のように評価されるが、いったん日本の外へ出ると、それを理解してくれる外国人は圧倒的に少ない。日本企業がグローバルなビジネスを展開しようとすると、このような謙虚が弊害になることすらある。むしろ、主張を繰り広げて自らの論理に相手をどれだけ引き込めるかが重要だ。

2020年の東京五輪開催が決まったのは、日本のプレゼン力や訴求力が評価されたからにほかならない。日本において必要なのは、初等教育から自分の意見を積極的に述べるような教育システムだ。同質を良しとせず、異質を評価し受け入れる文化の構築は、今後の日本の行く末を考えるうえで避けては通れない。

韓国人教授が喝破した韓国人の3つの特徴

ホンダからサムスンへ移籍してから2年が経った2006年秋、韓国人の性格をよく理解できる講演に遭遇した。ソウル大学の教授が、サムスンSDIの経営会議で実施した「サムスンの発展と今後への期待」と題する講演だ。その中には日本と韓国の比較論もあった。

講演では、日本人と韓国人の間の大きな違いとして、以下の3つが紹介された。(1) **韓国人はルールを守らない**、(2) **韓国人は嘘をつく**、(3) **韓国人は他人の意見を聞かない**――というものだ。この3つを改善しなければ、今後のグローバル競争で韓国は生き残れないという指摘だった。

多くの韓国人役員の中にいた日本人役員は筆者ともう一人。隣り合わせで座っていたので、思わず顔を見合わせて苦笑した。韓国で仕事をしていて、納得できる節が少なからず思い出されたからである。この光景を見ていた韓国人役員たちは社長も含めて、いささか嫌な思いをしたことだろう。

日本人にだって前述の3つに当てはまる人間はいるだろう。ただ、韓国人にはより多いということだ。これが日本人の発言であったら両国の文化交流に影を落としかねないが、ソウル大学の教授の発言であるため客観性は十分に保たれていると言える。

ここからは（1）〜（3）に関する筆者の体験談を紹介しよう。まずは（1）の「**韓国人はルールを守らない**」からだ。

韓国で住んでいた自宅のそばにゴルフ練習場があった。練習場は分煙で、打席には喫煙打席と禁煙打席に番号が指定されているのだが、禁煙席に灰皿を持ってきて平然とたばこを吸っている韓国人をしばしば見かけた。特定の練習場だけではなく、あちこちでそうだった。

さらに、2005年ごろと比べれば今は相当マナーが向上しているが、交通信号を守らず「赤」でも大胆に進んでいく光景をよく目にした。あるいは、お店で順番待ちをしている中に割り込んでくることも日常茶飯事だった。もっとも、サムスン人の名誉のために言っておくが、流石に統制されているサムスン人ではそういう光景は見たことがない。

続いて(2)の「**韓国人は嘘をつく**」の体験談。ジョークのように比喩されるが、韓国人に道を尋ねると、分からなくても分かったかのように教える人がいる。それが間違っている可能性があるにしてもだ。知らないということが恥ずかしく、知ったふりをして教えるようだ。もちろん、大半の韓国人はそうではないことを期待しているが……。

サムスンの業務でも似たような話があった。「社長は今日の会議で、Aと指示していたからそうするように」と役員が部長に指示を出した。ところが数日後に、同じ内容について「社長はBと指示していたのだから、そうするように」と同じ役員が同じ部長に異なる指示をした。その役員は同じ内容だと言うのだが、最初と2回目の指示は全く相容れない内容だ。真実でないことがどこかで語られ、伝えられているというわけだ。

当然、指示を受けた部長は、どちらを優先するのか困惑する。困った揚げ句に、東京にいる筆者のところへ韓国から、「上司の役員はこう言うが、どれが本当なのか分かりません。どうすればいいですか」と電話してきた。筆者は、「困っているのならば直接社長に確認してみればどうか。そうすれば何が本当で何が嘘か分かるだろう」とコメントした。部長が直接、社長に質問できないのは分かっていたのだが……。似たような話は業務上で少なからず経験した。

最後の(3)「**韓国人は他人の意見を聞かない**」。ソウル大学の教授の言葉を借りれば、「他人の意見を聞くということは自分に判断できる力がないからという証拠になる。だから内容的に理解し納得しても、あえて耳を傾けようとしない性格がある」らしい。これもなかなか説得力に富んでいた。

振り返ればサムスンSDIの研究所に勤務していた際、良かれと思い同僚の役員やプロジェクトリーダーに様々な提言をした。その場では理解したような表現をするものの、しかしそのような行動に移さない場面を数多く見てきたのが何よりの証拠だ。

悩みを抱えると韓国人は我慢せずに辞める

韓国人教授にも自己主張が激しいと分析されてしまう韓国人。自殺率を韓国と日本で比較してみると、2012年のWHO（世界保健機関）のデータでは、10万人あたりで韓国は31人（ワースト2位）、日本は24・4人（ワースト8位）となっている。精神疾患を患う人間も同じような傾向があるだろう。

ホンダ在籍時代、研究所では精神的に病んでいる社員を多く見た。自宅療養となる社員は、管理職から若手社員まで幅広く、その期間も1カ月間から年単位とまちまちだ。会社へ復帰できる者がいる一方で、復帰と自宅療養を繰り返す者もいた。結局、業務復帰は果たせず退社する者、自殺する者など多種多様である。業務上の悩みや職場の人間関係が主な要因だったようだ。

筆者が在籍時には、ホンダの栃木研究所には約1万人が勤務していたが、心を病んでいる人間は少なくなく、健康管理センターには心理カウンセラーが常駐していたほどだった。相談する社員が多いので予約待ちになる場合もある。

筆者自身もサムスンに移籍する前、ホンダでの業務に行き詰まりを感じて苦しんでいた際に、自分の精神状態が安定していないことに気がついた。そのまま過ごしていても解決には至らないと思い、この心理カウンセラーに相談し、様々なアドバイスを頂いた経験がある。

こうしたホンダでの経験もあり、サムスンに赴任した際も、同じように心が病んでいる社員が多いのではと考えていた。先に紹介したように、韓国人の自殺率が日本人より多いというデータがあるのだから類推するに値する。

そう思って、実際に韓国内で2004年から5年間、業務をしながら観察した。ところが、心が病んで会社を休んでいるという人物は見かけなかったし、聞いたこともなかった。

それには、韓国人の自己主張の激しさが関係しているようだ。業務上で大きな悩みを抱えて、自分の考えと大きくかい離したら、我慢せずに会社から去っていく。韓国人社員は苦境や逆境に遭遇し心が折れそうになると、耐えるのではなく離れることを選ぶ、つまり割り切りがはっきりしている。先に書いたように、平均在籍年数が8・2年と短いのはそのためだ。

よって、精神的苦痛で出社できない社員は生まれない。そうなる前に行動し、そうなる前に退社する。ダイナミックな考えだし、精神衛生上はこのほうが正しいだろう。

2012年4月中旬、サムスングループの外国人役員約200人がソウル郊外のサムスン人力開発院に召集され役員研修を受けた。「業務より研修を最大限優先すべし」という縛りの中、世界各国から多国籍の役員が集まる光景はサムスンならではだ。

研修の過程で、人事部門から「サムスンの歴史と今後の展望」という観点で説明を受けた。その中で、ブランド力やサムスンの文化に関するクイズ形式の質問も出された。例えば、「サムスン人のビジネススタイルは組織的か個人的か？」という質問だ。躊躇《ためら》いもなく「個人的」と回答したら答えは不正解とされた。韓国で仕事をして実感した自信から即答したが、「組織的」が正解と説明されて、これには今でも釈然としない。

一方、今後の展望におけるサムスンの進む道が、グローバルな人脈ネットワークを最大限活用した新たなビジネスモデルづくりという方向性については賛同した。

日本国内のニュースを見ると、若者の早期退社が社会問題として取り上げられている。報道によれば、本人のイメージと入社後の実態、つまり理想と現実のかい離によるものが多いようだ。それだけ、日本は我慢しなくても何とかできるという豊かな社会になってきているのかもしれない。

若者でなくても、会社の経営悪化や事業撤退などで会社を去る人たちは、日本の高度成長期に比べれば圧倒的に増えている。ましてグローバル競争にさらされている産業界は、企業間競争が永続的に続くだけに、こうした状況は今後も大きくは変わらないだろう。

現状、個人が社会に求められているのは、個人の存在感を高めていくことだ。個人のキャリアを高めることは結果として企業の活力や原動力につながる。ゆえに、経営側には組織や個に重点を置く理念や経営方針が必要となる。

日本では業績が優れているが、厳しい業務実態で離職率が高いとされる「ブラック企業」が名指しで批判されている。人材は経営投資が必要な存在なのだから、人材が早期に退社していくことは企業にとってもマイナス面が大きいはずだ。

人材を大事にして個を伸ばそうとする組織や企業には発展や希望がある。個人と企業との関係、キャリアアップに対する個人の意識改革、斬新な発想や付加価値創造といった点は、あらゆる業種で問われているし必要とされている。国力は突き詰めれば一人ひとりの価値の集合体。そう考えれば、個人の自己研鑽と企業のサポートは不可欠だろう。

グローバル社会を生き抜くうえで、韓国の紹介事例は反面教師として日本人も参考にすべきだ。異文化を批判、否定するのではなく、そういう部分も理解しつつ、場合によっては逆手に活用することで、より良い方向に経営の舵を切る。その国の文化や慣習、特性などを理解したうえでビジネスができるかどうかが重要だ。

今後は日本人の直球勝負的な行動指針から、時に変化球を交えるような変幻自在、柔軟な対応が求められていく。その際に、韓国人の自己主張は大いに参考になる。

COLUMN.1

私がホンダを去った理由

最終的に選ぶべきは会社か、自らの信念か？

ここ数年、電動車両に関する開発を強化する動きが相次いでいる。例えば、トヨタ自動車は研究開発費を増加する一方で、ハイブリッド車に関する米フォード・モーターとの提携を解消。ホンダは自前主義を捨て、米ゼネラル・モーターズ（GM）と燃料電池車の開発に踏み切ることにした。日産自動車も電気自動車（EV）の訴求力を高めて販売を強化していくという。

自動車大手各社が電動車両の研究開発に注力するのはなぜか。今後、環境配慮型の「エコカー」が主流となっていく中で、主導権を握りたいからだろう。電動車両の分野で、世界に先駆けて先行してきた日本の自動車メーカーにはその資質が十分にある。

一方で、本命技術を見極める段階には至っていない。化石燃料が枯渇する、あるいはそれ以前に、化石燃料経済が破綻するとみられる将来に向けて勝ち残る技術はＥＶか燃料電池車か。現時点では、両技術ともに課題が多いため、勝敗を決めるのは時期尚早だ。だからこそ、自動車大手各社は全方位的に開発を進めつつある。まさに新商品が離陸する直前のカオス状態と言えるだろう。

これら電動車両の核となる電池開発を例に見ても、これまで長い開発の歴史があった。ホンダで電動車両向け電池の研究開発部門を立ち上げた話を前に触れたが、ここではその詳細を紹介することで、筆者がホンダを去った理由を述べる。

ニッケル水素か、鉛か、ナトリウム硫黄か

車載用電池の研究開発部門を軌道に乗せて、成果を出すために最も重要だったのが、開発に着手すべき技術の選択だ。車載用電池の候補には、繰り返し充放電可能な鉛電池、ニッケル水素電池、リチウムイオン電池、ナトリウム硫黄（ＮａＳ）電池が存在する。性能だけでなく量産コストなどを見据えたうえで、どの技術を選ぶかには戦略が必要だ。研究開発戦略は論理が問われるので、勘と経験と度胸のいわゆる「ＫＫＤ」で選択できるものではない。

筆者自身、１９９０年に研究に取りかかる際に、最も頭を悩ませ、決断に苦労したのが電

池技術の選択だった。開発目的は、98年にカリフォルニア州で実施されるＥＶの販売義務化の法規に電池開発を間に合わせること。筆者は数ある候補の中からニッケル水素電池を研究する道を選んだ。

もちろん、独断で決めたわけではない。筆者は「ＬＰＬ（ラージ・プロジェクト・リーダー）」を務めたが、研究開発戦略と実務推進に関わる上層部４人（役員研究員２人、取締役と研究所長の常務それぞれ）と相談しながら進めていた。

しかも、ホンダではニッケル水素電池の研究開発がすぐに始まったわけではなかった。他の組織では保険のため鉛電池の開発も進められようとしていたし、基礎研究所の取締役はＮａＳ電池を推していた。フォードや独ＢＭＷがＮａＳ電池の開発を加速させていたという背景があったからだろう。

確かに、ＮａＳ電池の性能は注目すべきレベルにはあったが、ある重大な欠点があった。「セパレーター」と呼ばれる正極と負極の2つの電極を隔離するための部材に、薄いセラミック固体電解質を使用している点である。セラミック材料は分かりやすく言えば陶器のような焼き物で、自動車のような激しい振動を伴えばセラミックに亀裂（クラック）が入ってしまい火災につながる恐れがあった。このため筆者は、「ＮａＳ電池は危険すぎるため、車載用電池としての開発に着手すべきではない」との主張を繰り返した。

ニッケル水素電池を本命、鉛電池は保険に、一方のNaS電池は開発しない方向に取締役をどうやって説得しようかと考えていた91年5月。筆者と取締役および開発メンバーの全5人は、イタリア・フィレンツェで開催された国際会議での講演に合わせて、NaS電池をBMWに供給していた独ABBを訪問した。意見交換するとともにNaS電池を搭載したBMW製試作車のEVに試乗。完成度は高く実用化の可能性は感じたものの、信頼性に対する不安は解消されなかった。

その後、350℃で作動するNaS電池の扱いの難しさ、安全性に対する懸念を整理し、ホンダ内では開発しない方向で、ただし、開発の進捗状況は随時監視していくことで取締役を説得し、開発テーマの絞り込みを図っていった。

とすると、ニッケル水素電池の競合技術は鉛電池ということになる。その当時、発足したEV開発プロジェクトにおける開発陣会議の席上、筆者は次のように啖呵を切った。「先進電池であるニッケル水素電池の開発責任者のミッションは、ここにいる鉛電池開発のメンバーを失業させることだ」。

ABB訪問から3年後の94年夏ごろ、BMWとフォードがそれぞれ開発を進めていたEVが火災事故を起こしたというニュースが世界中を駆け巡った。原因はもちろん、セパレーターに使用するセラミック材料の機械的強度不足だった。この事故を受けて、右記の2社は車載用NaS電池の開発を断念した。

そのころ、ホンダではニッケル水素電池の研究開発が着々と進んでいた。93年には筆者の開発部隊が基礎研究所から和光研究所の応用研究開発機能に組織改編され、新たな役員の下、その組織の長を務めるとともに、ニッケル水素電池の実用化に向けた開発を加速させていった。

NaS電池については車載用以外、すなわち定置型用途では問題はないと思っていた。だが、日本での火災事故に遭遇することで一層認識を新たにした。それは日本ガイシ（NGK）製のNaS電池が据え付けられていた高岳製作所小山工場で2010年2月に発生した火災事故と、2011年9月に同じNaS電池を組み込んでいた三菱マテリアル筑波製作所の火災事故である。NaS電池の脆弱さが露呈した形だ。

事故で証明されたニッケル水素電池の優位性

もちろん、ニッケル水素電池はホンダ単独で開発できるものではないので、電池メーカーとの共同研究プロジェクトを推進していった。具体的に研究開発を進めたのは、松下電器産業・松下電池工業（現パナソニック）の松下グループと、米国のベンチャー企業のオボニックである。

日米2社と同時に研究開発を進めた背景には理由がある。ニッケル水素電池の場合は負極に「水素吸蔵合金」と呼ばれる、化学反応に必要な水素を吸蔵する役割を担う合金の性能がカギとなる。両社が手がける水素吸蔵合金の種類は異なっており、どちらが車載用電池として適しているかを見極める意味があったのだ。

だが、2社のうちオボニックとの共同開発はほどなく見切りをつけることになる。水素吸蔵合金そのものの特性評価などの議論を重ねる中で、同社の負極材料には実用化の道がないと判断したからだ。

1996年3月、筆者は上司の役員とともに米国に赴き、最後通告のつもりでオボニックのオーナーや幹部の前で技術プレゼンを実施した。筆者が訴えたのは、「オボニックの負極の特性は車載用電池に適していない。正極やセパレーター材料の特性も低く、大胆な材料変更を実施しなければ実用化の道はない」ということだった。

だが、技術説明を終了した途端、事件が起きた。オーナーを務めていたスタンフォード・オブジンスキー氏が、「佐藤の説明は作為的なデータばかりでインチキだ。GMもフォードも我々のニッケル水素電池は世界一と認めているのに佐藤だけがノーと言っている」とまくし立てたのだ。上司の役員と筆者は唖然として、これ以上の議論は意味がないと判断し、会議を中断させて帰国の途につく羽目になった。

2カ月後の5月、再びデータを積み重ねて説得すべく、上司の役員とともにオボニック本社に乗り込んだ。既にカリフォルニア州向けに販売するEVに搭載する電池の仕様を確定しなければならない時期を迎えていた。

前回と同様、オブジンスキー氏をはじめとする役員が勢揃いする中で、技術説明を始めた。今回は、オブジンスキー氏の怒りに備えて先手を打った。説明の最後に、「神の前に誓って本日説明したデータに一切の偽りはない」と言い切ったのだ。オブジンスキー氏はただ苦笑いを浮かべていたのが印象的だった。

特許の絡みもあり、オボニックとはその後も研究開発は継続したが実用化に至ることはなかった。一方で松下電池との研究開発プロジェクトは順調に進み、97年5月に晴れてホンダは世界初（トヨタも同時だが）となるニッケル水素電池搭載の電気自動車、「EV－PLUS」をカリフォルニア州に供給することに成功した。

GMの鉛電池を搭載した電気自動車、「EV1」は、その前年の96年に市場へ供給され、加速感で高い評価を得つつビジネスを始めていた。ところが、そのEV1は99年に鉛電池が絡む火災事故を起こした。充電時に発生する水素処理に不具合があったことが原因で、同年に鉛電池車を回収、代わってニッケル水素電池の適用に切り替えた経緯がある。

結局、ニッケル水素電池を選択した判断の正しさと、電池メーカーとの緻密な開発が実を結ぶことになったが、GMの事例でも明らかなように、ニッケル水素電池の地位は確実なものとなっていった。

ソニーが大型電池を手がけない本当の理由

実際にEVが公道を走り始めると、カリフォルニア州の大気資源局の考えも徐々に変わっていった。やはり、EVは時期尚早という判断から法規の見直しが進んだのだ。これを受け、自動車大手の研究開発は、EVからハイブリッド車へとシフトしていく。

とはいえ、ホンダ社内でEVの開発が中止になったわけではない。近距離移動や共同利用に特化した小型電気自動車（コミュータEV）の開発が進められた。コミュータEV向けの電池開発では、当時のユアサ コーポレーション（現GSユアサ）が持つニッケル水素電池の正極材料特許に注目し、筆者が直接共同開発を申し入れた。

同社との共同開発は実り、コミュータEV向けの高性能ニッケル水素電池の実用化にメドを付けた。2004年には、表面技術協会からユアサと共同で技術賞を頂いた。

一方、ハイブリッド車向けの電池開発については、ニッケル水素電池だけでなく、将来を見据えてリチウムイオン電池の研究開発に着手した。1999年には車載用リチウムイオン電池のプロジェクトを本格的に立ち上げている。自社での研究を実施する一方、ここでも電池メーカーとの共同研究は外せないと考え、当時の三洋電機や日立製作所との協業を進めた。

実は、ホンダ社内では95年からリチウムイオン電池の研究開発に着手していた。協業関係にあった日産とソニーの関係が悪化したことで、ソニーとの共同研究を立ち上げたのだった。最初はEV用としての円筒型の製品の研究開発に取り組み始めた。筆者自身、ニッケル水素電池の開発を経験していたため、リチウムイオン電池の性能に魅力を感じながらも、NaS電池と同様に安全性確立に向けた技術開発の難易度の高さも実感していた。

だが、ソニーとの協業はほどなく終わりを迎える。95年11月、福島県郡山市にある電池事業会社・ソニー・エナジー・テックのリチウムイオン電池製造ラインで火災事故が発生。消防の立ち入りや原因究明などで、ソニー側の開発責任者も対応に追われ、事故が終息するまでの数カ月間、車載用リチウムイオン電池の共同研究はいったん中断となった。

火災事故が終息した後、ソニーとの車載用リチウムイオン電池の研究開発プロジェクトは再開したが、98年秋口にソニー側の開発責任者が筆者を尋ねてきた。開口一番、「経営トップの判断で、ホンダとの共同研究はできなくなった。申し訳ない」と説明されたのだった。

筆者にとって研究プロジェクト中止の通達は寝耳に水。開発責任者に理由を尋ねると、「経営トップが『ソニーは人命に関わるリスクがある事業には着手しない』という判断を下したためです」と説明。これにより、ソニーとの関係は終わったのだった。

その後、ソニーは大型のリチウムイオン電池の開発から撤退。ソニーが現在も大型電池の事業を手がけないのはこうした背景がある。意外に知られていない事実である。

社内で台頭した「王道プロジェクト」

99年当時、携帯電話などの民生機器向けのリチウムイオン電池は既に市民権を得ていたが、車載用を真剣に考える自動車メーカーや電池メーカーは少なかった。先に述べた通り、ホンダもハイブリッド自動車にはニッケル水素電池の適用を決めていたほどだ。

その一方で、ホンダでは電動車両向けの電力源として電池ではなく、「キャパシター（大容量電気二重層コンデンサー）」と呼ばれるエネルギーデバイスの搭載が検討されていた。99年末に市場へ供給されるハイブリッド車・インサイトへの適用に向けて、最終決断のぎりぎりまで開発は進められていた。しかし、性能が上がらず見送られたのだった。

話は前後するが、ホンダ社内で電動車両にキャパシターを適用する計画が進んでいた経緯を説明しよう。95年の話になるが、ホンダの栃木研究所では、役員と開発陣が「電動車両に搭載するエネルギー源としてどのデバイスを中心に開発すべきか」という議論を進めていた。

この中で、ある役員の発言がきっかけになり、キャパシターの研究開発にまい進していくことになった。発言の内容は「電池は日本に有力な専業メーカーが多く、ホンダが電池開発を実施しても差別化は困難。キャパシターは誰も手がけていない。ホンダで開発すれば差別化につなげられる」というものだ。

役員の発言に対して反論が出ない中、筆者は異論を唱えた。「キャパシターは炭素表面に蓄えられる電荷エネルギーを利用するもの。いわば表面の2次元的な電荷エネルギーを使うだけだ。これに対して電池は、電極活物質の粒子の中まで化学反応するので3次元的なエネルギーを利用できる。両者を比較しても、エネルギー密度は電池が10倍以上優れている。この原理を超えることはできないはずだ」と。

ここで思わぬ横やりが入る。直属の上司だった役員が筆者を見つめながら、「何を言っているんだ。それを克服するのが研究開発だろう」と一蹴したのだ。結局、キャパシターを強く否定する者は筆者以外に現れず、多勢に無勢となり、電池の研究開発は進めながらも、キャパシターに多大な経営資源を投じていくのである。

その後、ホンダ社内でキャパシターの研究開発は「王道プロジェクト」として研究開発費と人員がかけられていった。ところが、王道プロジェクトは苦戦する。

99年のハイブリッド車への搭載を目指していたものの、評価会の席上では毎回のように「エネルギー密度が思ったほど向上しない」という報告ばかり。結局、「性能未達」ということでハイブリッド車への採用は見送られた。

99年の適用が見送られたキャパシターは、2001年発売予定の「シビック・ハイブリッド」の新車種に搭載する電力源として開発を仕切り直すことになった。ところが、技術を見極める段階になった時点でも、キャパシターの性能は向上していなかった。結局、性能未達で再び採用は見送りとなり、王道プロジェクトも窮地に陥っていった。

キャパシターが日の目を見たのは2002年。燃料電池車の試作車に、エネルギー回生とパワーアシスト機能の役割として搭載されたのだ。これを機に、キャパシターの研究開発は再び勢いを増していった。

リチウムイオン電池のプロジェクトを運営していた筆者に対して、研究所のある専務が「佐藤さんもリチウムイオン電池の研究開発プロジェクトなんか畳んで、皆と一緒にキャパシターの開発に移行したら」と勧告してきたほどだ。もちろん、キャパシター技術の限界とリチウムイオン電池の可能性を訴え丁重にお断りした。

2003年、キャパシターは本格事業化にあと一歩のところまで進み、ホンダエンジニアリングの中に生産工場まで構築されていた。筆者が読むリチウムイオン電池の将来性と実現性には自信があったものの、キャパシターに傾倒する社内の大きな動きを目の当たりにし、研究所での業務に意欲が失せていった。

考え方の違うところで研究開発していてもストレスがたまるばかり。これがきっかけとなり、ホンダから外へ出ることを模索するようになった。まず目指したのが大学教授。東北大学や東京大学の公募に申し込み、ともに最終選考までこぎ着けたものの不採用に。だが、こうした経験が視野を広げた。最終的に2004年7月にホンダを退社し、9月に韓国サムスンSDI社へ移籍することになる。

持ち続けた技術者の誇りと矜持

ここまでホンダの電池開発の経緯を紹介したが、重要なことは戦略を描き、実行するかどうかを論拠に基づいて展開できるかだ。本質は自らのデータでなければ見えてこないし、データを正しく分析する力があってこそ説得力のある説明ができる。

ベンチャー企業だったオボニックは特許ライセンスで収入は得たが、実用化では失敗、会社を売却し業界の中から消え去った。技術に誇りではなく驕りを持ってしまえば、他人の意見に耳を貸さなくなってしまう。同社の破綻に至る道は最初から作られていたとも言える。オボニックの幹部には筆者の考えに賛同する者は少なからずいたが、オーナーの考えに反論できる術《すべ》もなく、結局は会社を離れていった。

技術者として活動するには信念と魂が必要だ。とかく企業人であれば、このホンダの事例のようにキャパシターだと言われれば、電池に優位性があると思っている者でも「はい、分かりました」と返答。喜んでもいないのに「喜んでキャパシタープロジェクトに移ります」という技術者は多かった。

「企業人だから仕方ない宿命か」と横目でこういう技術者を見ていたが、出口の見えない開発に技術者としての時間を費やすのはもったいないことだ。リチウムイオン電池のような有力候補があるのに、キャパシターのプロジェクトに加わることはできないという信念との葛藤があった。

その後、燃料電池車の電源としてのキャパシターはカリフォルニア州の公道実験において、長い坂を上りきるために必要な絶対エネルギー容量の不足が露呈した。ホンダは２００６年、燃料電池自動車用電源としてのキャパシターをもあきらめ、代わりに日立ビークルエナジーのリチウムイオン電池に切り替えた。

同時にホンダはキャパシター事業から撤退。富士重工業や日産ディーゼルも同じころに同じ決断を下した。主電源としてのキャパシターには競争力がないことの証明に、何と10年もの長い歳月がかかったわけだ。

筆者がホンダのキャパシター事業撤退を知ったのは、サムスンＳＤＩの研究所で勤務していた時だ。「やはりそうか。自分の考えは間違ってなかった。魂や信念を持ち続けたかいはあった」と感じたものだ。

なお、この話には後日談がある。2011年11月、筆者はホンダの青山本社に伊東社長を訪ねた。挨拶がてら、日本の自動車業界に貢献できるサムスンのビジネスモデルを紹介しようと思ったからだ。すると、その席上で「あの時は佐藤に悪いことをしたな」と筆者に謝るのである。

件の「キャパシターか電池か?」という論争の末に、ホンダが前者を選択し経営資源を集中させたこと、それによって筆者が会社を去ったこと、その後キャパシターは失敗し、代わりに電池会社を合弁で設立した顛末を知るがゆえの謝罪だった。

社長が謝ったのには驚いた。というのも、伊東社長はキャパシター開発を主導した当事者でも関係者でもない。ただ、社長という立場からの発言だったのだが、「さすが器の大きい人物だ」と同期入社ながらも感心した。

現在、ホンダにおける重点テーマの一つに、ハイブリッド車を主体とする電動車両の開発がある。2009年4月にはGSユアサとリチウムイオン電池事業のための共同出資会社「ブルーエナジー」を設立するまでに至っている。

かつて同社とは、ニッケル水素電池の共同開発を行っていたことは前述したが、この共同開発が契機となって共同出資会社の設立にまで発展したのである。以前、キャパシターに従事した技術者の多くは、リチウムイオン電池の開発に向き合っている。

リチウムイオン電池はホンダのみならず、全世界の自動車業界や電池業界でもコア技術に位置づけられている。その一方で、民生機器向けリチウムイオン電池のシェア下落に苦しむ日本の電池各社にとって、車載向けは最後の砦と言える。もちろん、海外電池各社も車載用リチウムイオン電池への参入を虎視眈々と狙う。生き残りをかけた戦いの勝利に必要なものこそが、技術戦略であり技術経営なのだ。

第2部

日本と韓国

第8話

殿様商売な日本、きめ細かい韓国

日本は〝人災〟で民生用リチウムイオン電池の競争に敗れた

半導体、液晶ディスプレー、薄型テレビ――。韓国サムスングループを語るうえで必ず話題に上るのが、かつて日本企業が栄華を誇っていた産業分野で同グループがトップに上り詰めたことだ。サムスンSDIが手がけていたリチウムイオン電池事業もその一つ。筆者が赴任した当時、民生用リチウムイオン電池市場のシェアは、三洋電機（当時）、ソニー、松下電池（当時）に次ぐ世界4位だったが、現在は世界首位の座を堅持している。

サムスングループの手がける事業が、日本企業のシェアを奪っていることは数多くのメディアが報じているが、実際にサムスン社内でどういった戦略が採られていたかは知らない読者の方が多いと思う。

国内の電池メーカーはひと昔前のサムスン状態

筆者がリチウムイオン電池や燃料電池、太陽電池といったエネルギー関連の技術経営担当常務として赴任した2004年9月。まず驚いたのが、日本の部材メーカー各社が研究開発やビジネス創出のためにサムスンSDIを訪れていたにもかかわらず、協業関係が全く確立されていなかったことだ。

実際、赴任して1カ月後には次のような場面に遭遇した。日本のある商社がある材料メーカーを連れて中央研究所の研究者と協議をしていた際、赴任の挨拶を兼ねて筆者が途中から出席したのだが、挨拶を終えるや否や、商社の担当者から「佐藤常務、良いところに来てくれました。サムスンSDIはいったいどういう会社なのですか。対応がひどいし問題が多いので、ぜひ聞いてほしい」と相談されたのだった。

何が起こったのかと話を聞いてみると、以下のような内容だった。

この部材メーカーが、リチウムイオン電池の負極材料をサンプルとしてサムスンSDIに提出したにもかかわらず、評価のフィードバックは半年以上待ってもない。何度か問い合わせているうちにサムスンSDI側からは、「担当者が退社して誰も引き継いでいないので、サンプルの保管場所も分からない」と回答された。こうした状況は日本の電池メーカーとのつき合いと比較すると考えられない。何とかこの状況を改善してもらえませんか――。

この商社の訴えは、筆者にとってにわかに信じられないことだった。なぜならホンダ時代、電池メーカーや部材メーカーからサンプルを提供されれば、評価データをフィードバックし、次にどういった開発を進めていくかを議論をすることが当然の文化だったからだ。

もちろん、相手側の意見を聞くだけでは事態は判断できない。実際のところはどうなのか、自ら実態調査に乗り出すことにした。すると、この部材メーカーだけでなく、他の部材メーカーに対しても似たようなケースがあちこちで散見された。その数は、両手では収まらないほど。このままでは日本の部材メーカーから見放されるとの危機感を抱き、経営問題としてサムスンSDIの社長に提言した。

幸い、社長も大きな問題だと認識し、経営会議で説明するようにと指示された。そこで筆者の訴えが通じ、筆者が関係修復のための責任者に任命され、問題の早期解決を進めることになった。赴任から5カ月近く経った2005年1月のことである。

具体的には同年3月に、韓国から韓国人役員と部課長級メンバーの一行を引き連れて、関係が悪化していた日本の部材メーカー数社を訪問した。そこで、これまでの経緯に対するお詫びと改善策を提案するとともに、今後のビジネス計画などにも触れて丁重に対応させていただいた。その後はしばらくの間、日本の部材メーカーとの協議には時間の許す限り出席し、二度と関係悪化に陥らないように、「お目付け役」としての役割も演じたほどだ。

こうした努力が実を結び始めたのは2006年ごろから。データのフィードバックが迅速になったほか、評価結果の議論では単に良し悪しの結果だけでなく、具体的な改善点を協議できる組織に変化していった。

筆者が2009年9月にサムスンSDIの中央研究所から本社の経営戦略部門に異動し、同時に東京駐在になってからも、日本企業との関係を気にしながら部材メーカーの役員や幹部との議論の席は設け続けた。

すると驚くべき事実が明らかになった。ある材料メーカーの役員から、「日本の電池メーカーにサンプルを出しても、忙しいのか担当が抱えている案件が多すぎるのかは分からないが遅々として進まない。仮に評価結果が良くてもなかなか採用の判断をしてくれない。しかも評価結果は○か×のみ。×の場合に『どこが悪いのですか』と尋ねても、『ノウハウだから詳細は開示できない』と言われてしまう。今後の開発方針が示されないため、実用化につなげられない」と打ち明けられたのだ。

筆者は、日本の電池メーカーがかつてのサムスンSDIと同じ状況になっていることに驚きを隠せなかった。その部材メーカーの役員には、「それは日本の電池メーカーの問題だ。最初から仕様を満足させるサンプルなんて滅多になく、何度か改良して次第に仕様に満足するケースが大半。改善に向けた具体的な方向性の議論がなければ先はないですね」と返答した。

こうした話は限られた一部の部材メーカーのことかと思っていたが、つき合いのある多くの日本企業から似たような話を聞くことが増えた。そのたびに、「まるで私が赴任した2004年ごろのサムスンSDIじゃないか」と部材メーカーの方々に返答したのだった。

一方、サムスンSDIの評価を聞いてみると、「日本の電池メーカーよりサンプルの評価が早く、良い結果が出ると採用も迅速で、すぐ判断してくれる」との回答ばかり。こういった開発文化は日本企業のお家芸だったはずだが、ここ数年で立場が全く逆転している。

当時、筆者はサムスンに籍を置いていたので多少のお世辞はあったと思う。だが、退社した今でも同じような意見をしばしば耳にするだけに、信ぴょう性は高いと感じている。実際、2013年8月には、他の部材メーカーから、「サムスンSDIにサンプルを出して協議を続けていたら、結果が良く採用が決まった。生産能力を増強する前に、それ以上の発注を頂いたので準備が大変です」といううれしい悲鳴の声が届いた。

上意下達の韓国は「上」を攻めよ

もちろん、サムスンSDIでも協業が思うように進まない場合がある。2010年のこと。

ある部材メーカーの役員から、「ここ2年ばかり韓国へ出向いてサンプルについて議論している。評価はしてくれるが、なかなか採用までには至らない。何か良い方法はないですか」と相談されたことがあった。筆者がその役員に対し、「サムスンでは誰と議論しているのですか」と聞いたところ、「たいていは課長級のエンジニアと議論している。たまに挨拶だけは部長級の方が出てこられるが……」との回答があった。

その時点で筆者には原因が予想できた。つまり、サムスンSDI側の担当者が適任者ではない可能性が高かったのだ。課長級であっても判断する権限がなければ、いくら頑張ってサンプルを提出しても議論はスムーズに進まない。まして、役員自らが韓国に出向き、課長級のエンジニアと協議することは非効率だとも感じた。

筆者が、この役員に前記の考えを伝えたのは言うまでもない。さらに、筆者自らが韓国の本社と研究所にかけ合い、開発担当役員や購買担当役員とこの部材メーカーが協議する場を設けるように動いた。約1カ月後には、サムスンSDIの役員と幹部級社員が、この部材メーカーの役員一行と韓国で協議の席を持つことになった。

実際、この部材メーカーの役員が開発内容からコスト戦略までのロードマップをプレゼンしたところ、サムスンSDIの役員に好評だったようだ。その場で役員同士での定期的な協議を実施することが約束されたのだった。

帰国後、部材メーカーの役員からは、「ここ数年、我々はいったい何をしていたのか。的確な助言と手助けを実施してくれた佐藤さんには感謝します」と言われた。もちろん、サムスンSDIが今後も定期的に交流したいと思えるようなプレゼンを実施できたのだから、この部材メーカーの経営力と技術力の高さがあっての話だ。なお、この部材は1年もしないうちに、サムスンSDIで実用化され、供給量を急速に拡大した。

この事例からも分かる通り、韓国社会は上意下達の文化である。研究開発の場面でもしかり。課長級の担当者と話をしているだけで、実用化にまで進むケースは極めてまれだ。例えば、性能に優れ、すぐに使えそうなサンプルを提示され、実用化につなげることで一気に本人の成果として認められるような場合のみである。

こうした場合、課長級のエンジニアであっても上司や役員に説明し、そのテーマを何とかモノにするように努力する。一方で、そこまで優れたサンプルではない場合や実用化に時間がかかるような場合、上層部に説明することはなく開発の進行をうかがうことになる。そうなれば、2、3年経っても日の目を見ない。同じような場面に遭遇した日本の部材メーカーも少なくないと思う。

さらに2010年ごろからは、日本の部材メーカーによる電池メーカーへの対応にもある変化が出てきた。これまで日本の電池メーカーが優先的に紹介されてきた最先端部材を、サムスンSDIが真っ先に紹介されるようになってきたのだ。筆者自身、日本の部材メーカーから、「この先端技術を最初に持ってきました」と説明を受けたことは少なくない。

筆者が赴任以降、日本の部材メーカー各社と良好な関係を築いてきたことが、こうした結果に結び付いた要因だ。これも技術経営の一環と言える。日本の強みの一つであった電池メーカーと部材メーカーとの強い協業体制が崩れ、むしろサムスンSDIが良好な関係を構築していることを日本側が見落としてはならない。

もちろん、サムスンSDIの市場シェアが拡大している背景もあるが、双方が有意義なコミュニケーションを取ることで、このような密な関係構築ができていることは間違いのない事実だ。実際、材料分野ではサムスンSDIと日本企業との合弁事業が増えてきている。

サムスンの原動力は愚直な訪問と提案力

サムスンSDIのリチウムイオン電池事業が日本企業に勝った要因はほかにもある。それは、市場開拓や顧客開拓の執拗さだ。

2008年の経営会議で、サムスンSDIの社長が次のように発言した。「日本で民生用リチウムイオン電池のビジネスを始めたいとは思っていたが、日本のセットメーカーの要求仕様は安全面を中心に他の国に比べて高い。ビジネスを始めて安全性の問題を起こしたら、補償を含めて大変なことになる。だから日本でのビジネスはしばらく始めないほうがいいと思っている」。

最後に社長が筆者へ意見を求めてきたため、「確かに民生用電池でもセットメーカーの要求は高い。だからこそ日本の市場に入り込むことが必要と考える。安全性を高いレベルで確立し、日本の電池メーカーに対して性能面や安全面、コスト面で競争力を発揮して市場開拓しなければ世界のトップメーカーにはなれない」と進言した。

筆者がここまで言い切った背景には、それなりの根拠があった。その一つがサムスンSDIの安全性が、既に高いレベルに達していたことだ。2006年から2007年にかけ、民生用リチウムイオン電池の爆発や火災、リコールが頻発した。旧三洋電機やソニーのリコール、中国製電池における爆発と火災、松下電池と韓国LG化学の電池工場火災と、リチウムイオン電池メーカーの多くが大きな問題を起こしたのだ。

そんな中、サムスンSDIはリコールや事故、火災などの問題を起こさなかった。事実、経営会議での席上、「我々がリチウムイオン電池のリコールや事故を起こしたら事業そのものを止める。1に安全、2に安全、3に安全だから」と社長が発言するなど、サムスンSDIの安全性に対する意識は非常に高くなっていた。

折しも2008年初頭、日本の一般社団法人である電池工業会から筆者に一本の電話があった。「事故やリコールの問題が起きて以来、日本ではリチウムイオン電池の安全性試験方法の抜本的な見直しが進み、ほぼ確立できました。いずれ電気安全法に組み込まれる予定です。この試験法を国際標準にしたいのですが、日本1カ国だけでは弱いので、韓国と連携して一緒に国際標準取得に向けた活動をしたい」という提案だった（なお、日本では2008年11月に電気安全法に組み込まれている）。

電池工業会の提案に賛同した筆者は、電話口で「電池ビジネスでは市場シェアの競争をしているが、安全性に関する国際標準取得活動は業界に大きく貢献する。中国製の粗悪な電池をスクリーニングするという意味でも社会的に役立つ。そういう部分はぜひ協業すべきだ。サムスンSDI内部でまずは調整し、韓国の政府機関にも話をしてみます」と回答した。

サムスンSDI社内および韓国政府機関との交渉の末、2008年3月にソウル市内の韓国電池研究組合（2011年に韓国電池工業会に発展・改称）にて、サムスンSDI、LG化学、現代自動車などの産業界および電池研究組合と試験機関が、日本の電池工業会幹部と最初の会合を開いた。日韓の電池産業における歴史的記念日とも言える。

筆者も最初から出席したが、当初は考え方の違いや思惑が絡んだ。ただ、半年が過ぎると互いの理解が進み、協調関係が構築できた。その後も定期的な交流を重ね、2012年には国際標準の取得にこぎ着けた。現在、日韓の電池工業会は互いに密な連携を図っている。日韓電池業界の協業に大きな役割を果たしたことになる。

このような活動に携わっていたことも、サムスンSDIの経営会議で日本での積極的な顧客開拓を提案した理由の一つだ。以降、日本のセットメーカーと粘り強い協議をすることで、2010年から日本においてのリチウムイオン電池ビジネスが始まっている。

その延長上に、電動工具向けのリチウムイオン電池ビジネスもある。筆者自身、電動工具市場は今後も着実に広がると考えていたこともあり、積極的にビジネス創出のための活動を展開した。自ら日本の大手電動工具メーカーの役員との協議を取りつけ、2011年3月には韓国からの役員や部課長級とともにプレゼンに臨んだ。世界的な電池業界の現状に始まり、開発ロードマップやコストロードマップを数時間かけて説明した。

当時、この電動工具メーカーへは、日本のある大手電池メーカーが独占に近い形でリチウムイオン電池を供給していた。その牙城を崩すのは簡単なことではない。いかに積極的に魅力を訴求するかが問われていた。

プレゼンを終えた後、筆者が先方の役員に、「本日このようなプレゼンをさせていただきましたが、日本の電池メーカーも定期的にこのような、あるいはこれ以上のプレゼンを実施していますよね」と確認してみた。すると驚くべきことに、「こんな詳細なプレゼンを受けたことは今日が初めてです」との回答だった。この発言を聞いた瞬間、「これならサムスンの電池ビジネスも可能になるはずだ」と自ら確信した。その後、この電動工具メーカーへの電池供給ビジネスを開始し、現在は大きく成長している。

既存顧客は定期的な交流を重ねることで提携を強める。その一方で、顧客になっていない企業には積極的にドアをたたき面会を取りつけるまで食い下がり、競合他社よりも熱の入ったプレゼン、協議、交渉を繰り返す。このような力こそ、サムスンの原動力である。

リチウムイオン電池の敗北は他山の石

セットメーカーの意見を聞くと、日本の電池メーカーではこのような活動は乏しいとのこと。顧客の立場になって顧客が何を必要としているのか、それを的確につかんで製品開発へフィードバックする手法や、顧客によって要望が異なる中でどれだけ柔軟に対応できるか、それを考え行動することが、日本の電池メーカーに不足していると実感した。

電池も部材と同様に、最初からセットメーカーの要求仕様を完全に満たすことは滅多にない。だからこそ、開発途上でも顧客ニーズを先取りし、開発に反映するスピード感が重要なのだ。

2010年第3四半期にはサムスンが民生用リチウムイオン電池で世界シェアトップに躍り出た。以降、現在もシェアを拡大しつつある。開発文化の姿勢、顧客ニーズの的確な把握と実践が功を奏した結果と考える。

日本と韓国企業での業務を通じて見えたことは、ビジネスにおける競争意識の違い、ビジネスになっていないところを開拓し舞台を築き上げる積極さ、相手のビジネスを有利にさせるソリューション提案力などに、サムスン流の強みが存在することだ。

製品単体の「ハード面」での電池性能そのもので見れば、日本企業は韓国企業の後塵を拝するものではない。しかし製品競争力とは性能や安全性、コストに加えて、ウイン・ウインの協業関係、信頼関係、柔軟な対応、将来展望の共有など、「ソフト面」のきめ細かさも必要だ。それを実践していくうえでは、実務部隊だけではなく、役員や経営トップ間の交流も大きな力となる。

日本の民生用リチウムイオン電池業界が競争力を失ったのは、市場環境が変化したからではなく人災である。本来の強かった産業構造と事業に慢心し、貪欲さが不足しているところにサムスンが仕掛けたのだ。

「韓国や中国の電池にはコストで勝てない」と毎回のように耳にする。本当にそうだろうか。日本の電池メーカーもコスト競争力を強化するために中国に生産拠点を設けてきた。ならば、コストだって対等に戦える事業環境を有している。それでもコストで負けるというのであれば、ほかにできていない部分が多々あるはずだ。

だからこそ、技術経営と経営戦略の両面から見直し、「やるべきことをやる」という姿勢を正せば、再度、競争力の向上は可能と思える。

第9話

より高みを目指す日本、そこそこで満足する韓国

安全性の飽くなき追求が車載用電池の競争力を磨いた

民生用リチウムイオン電池の凋落とは対照的に、車載用二次電池市場においては日本企業が競争力を維持している。ここではその理由を掘り下げてみよう。

1990年9月のカリフォルニア州で発効したZEV（ゼロエミッションビークル）規制によって、98年から電気自動車（EV）の販売義務が課せられたことは既に述べた。自動車業界に激震が走ったのは説明するまでもないが、自動車メーカーの具体的な対応は日米で大きな温度差があった。

ゼネラル・モーターズとフォード・モーター、クライスラーの米国ビッグ3は「業界にとってとんでもない規制」として、ロビー活動の下、カリフォルニア大気資源局に規制への反対と

撤回の働きかけを行っていた。

一方、ホンダやトヨタ自動車、日産自動車といった日本勢は、「社会的背景に照らせば避けては通れない。カリフォルニア州の環境改善に大きく貢献できるならばＥＶの開発は企業の大命題」として、各社は電池やモーターの研究開発、電気自動車の開発に待ったなしで着手したのだった。

こうした日米自動車メーカーの差は、自動車の電動化システムと最終製品で日本が圧倒的な強さを持つ結果につながった。ハイブリッド車やプラグインハイブリッド車、ＥＶ、燃料電池車のあらゆる領域で先端技術が開発され、研究開発からビジネスまで総じて日本が世界をリードしている。

世界に先行してそれぞれの商品を市場に供給してきた実績は、電動化技術の開発に大いにフィードバックされている。環境の違う国や地域があり、ユーザーの使い方もバラバラだが、商品技術としてスペックに数多くのノウハウが反映されている。事実、日本の自動車メーカーは、電池をはじめとする各種部品の要求スペックが世界で最も高い。

それに応えられている部品メーカーはやはり日本勢だ。車載用電池で日本勢が強みを発揮しているのは、世界の最先端を走っている日本の自動車メーカーと一心同体となった電池技術の開発が、日進月歩で行われているからにほかならない。

97年に初代EVが日本の先進電池を搭載して市場に供給されて以来、17年が経過した。常に先頭を走る電動化技術にリンクして車載用電池の開発が進んでいる。この構図が続く限り、日本の電池産業は強みを維持できるだろう。

ちぐはぐだった米国の電池戦略

もちろん、欧米や韓国などの電池各社も車載用二次電池の開発を急いでいる。だが、実用化で先行する日本勢に追いつけていないのが現状だ。

筆者自身、ホンダで車載用電池の研究開発に着手していた91年から2003年までの間、日本だけでなく欧米や韓国の電池メーカーと研究開発や意見交換を行ってきた。具体的に議論してきた企業を挙げると、国営事業に携わるフランスのSAFT、ドイツのVARTA、NaS（ナトリウム硫黄）電池事業を手がけていたドイツのABB、米国のジョンソンコントロール、EV用ニッケル水素電池で共同研究していた米国ベンチャーのオボニックなどである。

欧米と日本の電池メーカーの最大の違いは、欧米系が「自社の電池技術が世界で最も進んでいる」と表現する〝過信〟である。これこそが、各社の命取りになることが多い。

例えば、SAFTはジョンソンコントロールとの合弁でJCSを設立したが、結局、両社はうまく進められず成功しなかった。VARTAは車載用電池ビジネスをにらんでビジネスモデルを模索したが、好転せず経営破綻。ＡＢＢのＮａＳ電池は、ＢＭＷのＥＶ向けに電池を開発、供給していたが、１９９４年にＥＶの開発車で火災事故を起こし、車載用ビジネスから撤退した。

ベンチャー企業のオボニックはニッケル水素電池の基本特許で知財収益力を高めたが、自社の技術への奢りがたたり、車載用電池ビジネスでは失敗し身売りとなった。同様に米国のベンチャー企業であるエナデルやＡ１２３は米国政府の補助金を得て車載用電池ビジネスに乗り込んだが、２０１２年に両社とも経営破綻している。

しかも、米国は政府の対応もちぐはぐだった。１９９０年のＺＥＶ規制発令後、「米国アメリカ先進電池研究組合（ＵＳＡＢＣ：United States Advanced Battery Consortium）」を設立、米国内に電池産業を根づかせるため、国の資金を投じた国家プロジェクトとして活動を始めた。本来ならば、この研究組合からしかるべき成果が生まれているはずである。

だが、ＵＳＡＢＣが何も成果を挙げられない中で、97年にホンダやトヨタ、日産がＥＶをカリフォルニア州に市場投入してしまう。その後、敗北を認めたＵＳＡＢＣは、「ＰＮＧＶ（Partnership for a New Generation of Vehicles）」と呼ぶプロジェクトを新たに設定。ＥＶからハイブリッド車向けの電池やキャパシターの開発に血税を投じた。

ところが、ハイブリッド車についても、97年のトヨタ「プリウス」、99年のホンダ「インサイト」と、日本メーカー製のニッケル水素電池を搭載した完成車が世界市場に供給された。この時点でも、PNGVからは成果も生まれなかったわけだ。結果として、日本の電池各社は着実に足固めを進めていった。

こうした状況の打開に向けて、ZEV規制の策定に関わっていた諮問委員の一人である米国コンサルタント会社AABのアンダーマン社長は、車載用電池の開発とビジネスを加速するための国際会議「AABC（Advanced Automotive Battery Conference）」を設立した。第1回の会議は2001年2月に米国ラスベガスで開催され、筆者はホンダを代表してスピーカーとして招かれた。今や、この国際会議は車載用電池関連で世界有数のイベントに成長している。

2002年に開催されたAABCで、筆者はPNGVプロジェクトを率いるフォードの知人のプレゼン後に以下の質問を投げかけた。

「米国はUSABC発足から巨額の開発資金（この時点でおそらく5000億円規模）を電池開発に投じてきた。特にベンチャー企業がその恩恵を受けているが、11年経過した現在も成果はほとんどない。一方、巨額の資金を投じる余裕は日本政府にはないが、民間の電池メーカーが自動車メーカーと一体となって、経営資源を投じてEVやハイブリッド車用の電池を実用化してきた。米国での電池開発の成果はいったいいつになったら具現化されるのか」と。

質問を終えたら、後方から拍手する人がいた。日本人の知り合いかなと振り返ると、見知らぬ米国人である。国家プロジェクトとして国の威信をかけて税金を投じているのに、一向に成果が出ないことに苛立っている様子だった。

ブッシュ政権が発足すると、米国では水素社会システムを看板に掲げ始める。水素エネルギーと水素社会を実現するための国家プロジェクトとして2001年に「Freedom CAR」が設立され、燃料電池車の開発に巨額の資金を投じた。ZEV規制においてはEVの販売義務があるのだが、水素燃料電池車に関してはその価値をEVの10倍、つまり燃料電池車1台がEV10台分という重みづけをしたのである。

しかし、燃料電池車は日系自動車メーカーの開発が世界の先頭を走っている。これも日本の税金を活用しているのではなく、各社が巨額の開発投資を自ら実施し続けることで切り開かれているのだ。

オバマ政権になるとまたもや米国の政策は転換。水素社会システムではなく、再生可能エネルギーを標榜する政策が掲げられた。結果として、二次電池の開発へ軸足を移すことになる。燃料電池車のZEV規制クレジットにも大きな変更が加わり、燃料電池車の価値を10分の1に下げ、つまりEVと等価にしたのである。

これにより、燃料電池車でZEV規制に適合させようとしていた日本の自動車メーカーの思惑は外れた。燃料電池車の台数を当初の10倍にまで引き上げないと台数的につじつまが合わなくなるからだ。

そして、二次電池開発には、再び米国の巨額の資金が流れる。

その際、米国の電池産業は日本に比べて脆弱でベンチャーが乱立したため、オバマ政権の投じた資金は米国のベンチャー企業、A123（2001年に創業）に流れた。AABCなどのイベントでは最も広い面積を占有して、「オリビン酸鉄」と呼ばれる正極材料が最も優れている電池だと言わんばかりに、頻繁に宣伝し続けた。

しかし、A123も最終的な顧客がほとんどつかないまま経営破綻。オバマ政権は同社に200億円もの国費を投じたとされているが、中国企業・万向集団が約250億円で買収するという顚末を迎えた。

欧州は二酸化炭素規制に敏感で、今後続く二酸化炭素排出規制に、欧州の自動車各社はクリーンディーゼル車でつじつまを合わせようとした。だが、排出規制が一層強化されると、クリーンディーゼル車だけではダメで、自動車の電動化にシフトせざるを得なくなる。今後は一層、電動化に関する開発とビジネスが進むだろう。この動きは日本側には大きなチャンスだ。

高すぎる要求に不満たらたらのサムスン

一方、民生向けリチウムイオン電池市場は韓国勢が席巻しているが、車載用二次電池の実用化に向けては、信頼性に関する意識が日本勢に比べて低いと言わざるを得ない。サムスンSDIでは、筆者が移籍する直前の2003年ごろから車載用リチウムイオン電池の研究開発が進められていた。その中で、何度となく信頼性に関して、自動車メーカーと意見の相違が露呈することがあった。

赴任当初の2004年。サムスンSDIでは、リチウムイオン電池のコア部材である正極材料に、筆者がホンダ時代に安全面から否定していた材料系が採用されていた。このため担当役員や開発リーダーに、「安全性の観点から見れば、この材料の将来性はない。民生用では使えても、車載用では決して主流にはならないから別の材料で開発すべきだ」と提言したことがある。

しかし、説得を重ねても一向に転換する気配もない。「なぜ、この材料にこだわるのか」と質問しても、「日本の自動車メーカーがこの材料で開発しているから」との返答のみ。つまり、自主的な材料戦略ではなく、一歩進んでいる日本企業をマネて開発材料を選択していたのだ。筆者は何度も説得したものの、聞く耳を持たない状況が数年続くことになった。

そんなやり取りを繰り返していた2007年、米国USABCの諮問団6名がサムスンSDIを訪問した。目的は、車載用二次電池についての意見交換である。筆者も関心があったので、オブザーバーとしての立場で出席した。

サムスンSDI側の説明がひと通り終わると、諮問団の一人から「サムスンSDIが開発を進める正極材料は安全性の観点で問題はないのか」との質問が飛んだ。筆者は「そこを突いてきたか」と静観していたが、開発プロジェクトのメンバーは誰も答えない。

質問に対しては、どういう答えだろうが答えるのがマナーだ。「このままではいけない」と思い筆者が答えた。「確かに安全性の面ではリスクもある材料だ。リスクを克服できれば、実用化の可能性はある。一方で克服できなければ、その時はサムスンも方針転換する必要がある」。何も答えなければ、サムスンの材料開発は哲学がなく技術力も曖昧だと思われかねない。筆者が答弁したところ、直接のメンバーたちはほっとしたような表情を浮かべていた。

同じころ、日本のある自動車メーカーとも意見交換する機会があった。日本のエンジニアからの質問も、「サムスンSDIが使う正極材料系は安全面で問題ないのか」というもの。またもや誰も答えないので、先の返答を筆者がする始末だった。

確かに、この正極材料系を使ったリチウムイオン電池は、日本の自動車メーカーが2002年に発売したアイドル停止機能搭載の車で採用された実績がある。だが当時、ホンダに在籍していた筆者は、この正極材料系を採用すること自体が信じられなかったほどだった。

筆者は実際に、共同研究先の電池メーカーとこのリチウムイオン電池の安全性の評価を実施。アイドル停止機能搭載の市販車から取り出したリチウムイオン電池と共同研究中のリチウムイオン電池を、それぞれ破壊されるまで過充電の負荷をかけてみた。すると、共同研究品は想定内の煙が出る程度で収束したが、市販品はダイナマイトと思えるような爆発を伴い炎上した。評価を共同で実施した電池メーカーの技術陣も驚き、「よくこんな材料設計をしたものだ」と感想を漏らしたほどだった。

筆者は、2003年にフランス・ニースで開催された第3回のAABCで、この自動車メーカーの開発担当者に対して、「ホンダではとてもこの材料を使いこなせない。安全性についてどう考えているのか」と質問したことがある。すると、この日本の自動車メーカーの担当者からは、「材料単体で安全性を担保する考えではなく、制御システムを含めた統合技術で確保する」との回答だった。

この回答は、自動車メーカーの担当者として的確だったと思う。しかし、セッションが終わると、登壇者とは別の開発責任者が駆け寄り、「そんなに問題のある材料系とは知らなかった。帰国したらすぐに確認する」と伝えられた。

サムスンSDIでこのようなリスクのある材料系で研究開発を進めるわけにはいかない。筆者は社内会議の席などで、「日本の自動車メーカーはその材料を適用し、制御技術も含めて一気通貫で商品化しているのだから、問題が発生しても自己責任で片づければいい。しかし、サムスンのようにBtoBで電池供給を行うのであればリスクが大きすぎる。だから材料系は早急に変えるべきだ」と訴え続けた。この意見が理解され、方向転換に至るまで4年の歳月を要している。

信頼性に対する意識の低さについては、別の場面でも感じられたことがある。2006年当時、サムスンSDIでは米国のある自動車メーカーと車載用リチウムイオン電池の共同開発が進められていた。社内での中間報告会に中立的な立場で出席した際に、プロジェクトメンバーの一人から、「先方の要求スペックに対して、ほぼ満足できる安全技術が進展してきた」との意見を聞いた。

筆者は自動車メーカーで車載用電池を開発した経験から、「仮にそうだとしても、ホンダを含めた日本の自動車メーカーの安全性の要求スペックはもっと高い。だから米国企業が出す要求スペックだけではなく、もっと自発的に極限まで評価しなければならない」と進言した。だがメンバーからは、「米国企業からはそこまでの要求はない」との返答のみ。「要求がなくてもやるのが電池メーカーの責務だ」と筆者が応酬したものの、その意見はしばらく受け入れられなかった。

需要拡大が期待できる車載用電池の安全性評価

さらに2008年、サムスンSDIは独ボッシュと車載用電池の合弁会社、SBリモーティブを設立し、共同で市場開拓に出た。筆者は2009年9月から東京に異動し、日本企業とのビジネスモデルづくりに励んだ。日本の大手自動車メーカーだけでなく中堅メーカーと協議を重ねる中、韓国に出向いてSBリモーティブの初代社長（サムスンSDIの専務）との議論も進めた。しかし、この任務を進める中で、ビジネスに対する意識の差をいくつか感じた。

「日本の自動車メーカーに早くサンプルを出すことにしよう」と筆者は社長に進言したが、「サンプルを出すのもいいが、佐藤常務が自動車各社の役員と頻繁に交流して道筋をつけることが近道になる」という回答に終始。

筆者が、「先方の役員と私が100回協議するよりもサンプル1個を提出するほうが説得力がある。サンプルなしでこれ以上話をしても意味はない」と繰り返すことで、何とか自動車大手へのサンプル出荷に踏み切ることになった。

その後、筆者は「大手自動車メーカーに出したサンプルを、今度は中堅自動車メーカーにも出すべきだ」と提案したが、社長からは「将来的にそこはどれだけの台数を量産するのか。大手に比べたら数量は少ないので魅力はない。中堅企業まで拡大して自動車メーカーを増やすことは、開発リソースを考えれば無理だ」と一蹴された。未開拓の市場にもかかわらず、とにかく供給量重視という考えである。理由はともかく、2010年7月、この社長は更迭されることとなった。

もちろん、日本の自動車メーカーとのやり取りの中で安全性に対する意識の差も露呈した。

当然のことだが、自動車メーカーからは安全性・信頼性に関してハードルの高い要求が投げかけられる。すると、当時のSBリモーティブのメンバーが、「他社ではそんな要求はない。どうしてそこまで要求するのか」と質問してくるのだ。

見かねた筆者が、「電動車両を市場へ供給してから10年以上の歴史と実績があるため、リチウムイオン電池に対する要求スペックも熟知している。それだけ日本の自動車メーカーは知見を持っているということだ。欧米や韓国の自動車メーカーも市場に多くの商品を供給したら気づく。だから今のうちに高いスペックを満足させる開発が必要だ」とメンバーを説得した。

車載用電池を事業とする役員たちも、さすがに日本自動車大手の高い要求スペックに驚き、「ハードルが高い日本メーカーではなく、そうではない欧米メーカーと協議するのが得策ではないか」という意見まで出た。もしサムスンがそういう考えを今後も持つならば、車載用電池での勝ち組にはなれないであろう。

現在、自動車各社はZEV規制など各国の法令に適合させるために、ハイブリッド車やプラグインハイブリッド車、EV、燃料電池車など様々な電動車両の開発を加速させている。商品カテゴリーが違えば、必要となる電池のスペックは異なる。

そのような状況で、すべてを自動車メーカーや電池メーカーだけで解決しようとしたら膨大な研究開発投資と開発リソースが必要になってしまう。日本の電池メーカー各社が強みを維持するためには、戦略の転換も必要になってくるだろう。

すべて自社内でやるのは非常に非効率だ。特に自動車メーカーの立場では、二次電池のセルやモジュールにとどまらず、電池パックまでの安全性を評価するニーズが急速に増えている。市販車で電池に起因するトラブルやリコールが起こっていることが一因でもある。

現状、車載用電池の安全性評価を手がけられる第三者機関は少ないだけに、そこには新たなビジネスチャンスがある。筆者が所属するエスペックでは、世界初となる安全性評価試験装置を実現。2013年11月に電池パックまでの評価が可能な試験センターを栃木県宇都宮市に建設した。分業化が進めば、車載用電池の研究開発はさらに加速されるだろう。

受託試験機能は日本ならではのきめ細かさが生きる分野。一方で、開発効率向上のための有益な機能とビジネスチャンスを提供する。こうした新たな協業体制の確立は、日本の電池各社が車載用二次電池で高い競争力を維持するための一つの手段になり得るだろう。

もちろん、海外勢も過去の失敗から学び、巻き返しに向けて攻めてくる。日本の電池各社はどうすべきなのか。日本の電池産業のあり方と復活のシナリオを後に述べたい。

第10話

基礎研究に厚みを持つ日本、ノーベル賞受賞者がいない韓国

日本の電池産業はグローバルで天下を取れる!

これまで世界の電池産業における近年の変革を、技術経営に携わってきた筆者の経験をもとに分析してきた。ここでは、これらの背景を踏まえたうえで日本の電池産業が今後どうしていくべきなのかを考えてみたい。

サムスンに勤務した8年4カ月を振り返れば、日本人であること、そして自動車業界や電池業界、部材業界、大学や研究機関とのネットワークを持っていることで、多方面においてビジネスモデルを創出してきたと自負している。具体的には以下の通りだ。

(1)素材・部材メーカーとのビジネス戦略づくりと量産への適用。リチウムイオン電池にお

ける素材メーカーとの連携によって性能向上やコストダウンを実現した。

（2）**合弁会社設立。**リチウムイオン電池の正極材料メーカー、戸田工業との共同戦略によってサムスン精密化学との合弁会社を設立した（2011年3月）。

（3）**電池工業会との関わりによる日韓協業と国際標準化。**電池工業会の賛助会員に入会したことを皮切りに、電池工業会と韓国電池研究組合の両社をつなげ、2011年11月に設立された韓国電池工業会との協力関係を構築した。さらに、2008年3月からスタートした日韓によるリチウムイオン電池の安全性試験法国際標準化における共同戦線で協業に至った。

（4）**自動車業界とのビジネスモデル構築。**2010年8月にスタートしたサムスングループの戦略の一環だが、サムスングループが自動車産業にデバイスや部材事業で貢献するビジネスモデルづくりに関わり、日本の自動車産業との交流の突破口を開いた。リチウムイオン電池のほかに、車体素材やLED、CMOSイメージセンサーなど幅広い取り引きが可能となるよう、日本の大手自動車各社にて大規模展示会を開催するなどサムスンの認知度を高めた。

（5）**大学や研究機関との交流による活動。**日本の大学や研究機関との関わりも強く持つべく、共同研究を実施したり、韓国国家プロジェクトに日本の教授数名を諮問委員として招き、交流したりするなど、日韓交流にひと役買った。

（6）**国際会議や展示会におけるプレゼンスの向上。**国際会議への参加と講演、あるいは国際展示会などの開会式に代表として出席することで、他社経営陣との新たな交流の機会が増加。ネットワーク拡大の一助になった。

（7）**講演会を通じたネットワーク発掘とビジネスでの連携。**外部からの講演依頼がきた際に、主催側の信用度、対応した場合の効果などを吟味した。経営層が集まる講演になればなるほどインパクトを与えることができ、そこからまた新たなネットワークが育まれている。

（8）**韓国文化の理解による仕事の流儀構築。**日本と韓国にはビジネス慣習の違いがあるが、間に入って対応策を説明するなど、進め方がスムーズとなるよう働きかけた。

（9）**情報収集ルートの開拓。**情報収集においては人的ネットワークと信用が効果を発揮するため、あくまでもGive & Takeの基本を貫く必要がある。この信頼関係は一朝一夕にはできないことなので、地道な努力が必要だ。

（10）**人脈づくりの活性化。**人脈はいくらあってもありすぎということはない。人脈が新たな人脈をつくることも事実で、社内外、特に社外交流や異業種交流も有効な手法である。

優れた「ことづくり」まで至っていない電気自動車

このような業務から見えてきた産業界、とりわけ日本の電池産業が競争力を失ってきた要因を客観的に分析すると、様々なものが浮かび上がる。

1つ目は新たな市場を創出する努力に欠けていること。技術の先進性は日本が強みとしている武器であり、先端技術では日本の右に出る海外企業はあまり多くはない。しかし、市場は技術を欲するのではなく、デザインや価格を含めた総合的な魅力、総合的な競争力で購買心理が働く。先進技術という「もの」が、世の中にない商品や製品を「こと」としてつくり上げると、そこに新たな市場が創造される可能性がある。しかし、既に類似のものが存在する場合には新たな「ことづくり」とはならない。

自動車業界では、例えばハイブリッド自動車は市場に出回った1997年から17年が経過した。市場ニーズは徐々に高まり消費者の購買意欲もすこぶる良い。これはハイブリッド技術が燃費性能を大幅に向上させるという自動車の新たな商品魅力を実現した成功事例である。

一方、三菱自動車と日産自動車が市場へ供給した電気自動車（EV）は、販売台数に大きな実績が見られず、経営計画と比較して大きな乖離を生み出している。脱ガソリンという意味では技術的にハイブリッド車より進化した自動車とも言える。しかし、商品という意味では航続距離が短く充電設備の導入（家庭用充電設備の導入や充電スタンドといったインフラ整備）も限られ、また充電時間も長いなど消費者の負担も多く、優れた「ことづくり」にまで至っていない。

結局のところ、EVがカリフォルニア州に供給された97年の段階から大きな変革がないのだ。

優れた「こと」に至るEVとなるためには、革新的な電池が開発され、航続距離のストレスから解放されることが条件となるだろう。

一方で、サムスンの経営が結果的に実績を出しているのは、事業が悪循環に陥った際に、トップ交代の徹底やビジネスモデルの変革、マーケティングによる市場開拓を何度となく実行するからだ。それでもダメな場合には、事業撤退も躊躇しない。

経営陣の責任はその分、極めてデジタルに把握され管理される。代わりはいくらでもいるというスタンスの責任体制を敷いていることから、緊張感もあってスピードも速い。

もちろん、日本でも果敢な経営の舵を切る企業は存在している。例えば、グローバルビジネスで大きな成果を挙げている空調大手のダイキン工業は、中国企業の格力電器に、あえてエアコンの心臓部であるインバーター技術を無償で供給した。結果として、ダイキンのエアコンを中国の既存販路に乗せるなど、新しいビジネスモデルを2008年に実現している。多くの企業が学ぶべき事例とも言える。

競争力が低下してきた2つ目の要因は、グローバル戦略に消極的なことだ。とかく技術流出防止という観点から、日本企業の多くは国内での開発と生産にこだわり、あるいは部材供給側に対して生産工場への立ち入りを遮断してきた。

日本国内の市場がふんだんにあった時代にはそれで良かったが、昨今のグローバル市場では為替変動によるリスクもあれば、自然災害などに伴う部材供給ルートの遮断、人件費や法人税の違いといった課題がのしかかる。海外拠点を積極的につくり、それをうまく活用するほうが日本国内にこだわることよりも優先されるべきだ。

こういったことを前提として、技術流出防止のための戦略と戦術を築くほうがチャンスは拡大し、事業の発展につながるだろう。

日本の産業構造を根底から強いものにしていくためには、日本国内だけへのこだわりを捨て、積極果敢にグローバル市場に打って出ていく必要がある。事業の縮小や撤退、人員削減は現段階では避けられないとしても、同時に他がマネのできないような技術や製品を開発し、それを核にした骨太のビジネスモデルをつくるなど、低迷の時にこそ新たな経営戦略が求められる。既存ビジネスにも寿命があるという危機感が、日本では不足していたように見える。

3つ目の要因として挙げられるのは、知財戦略の欠如だ。特にグローバル戦略を実践するうえでは、強固な知財戦略が必須となる。

日本の素材・部材産業は世界的にも優位に事業を展開してきたが、現在や今後の韓国および中国の追い上げを考えれば、戦略的な工夫が必要だ。欧米の企業も電池分野でのビジネスチャンスを享受するためのグローバル戦略を進めている。

素材・部材分野は常にアカデミックな基礎研究に基盤を置くので、日本は材料科学を主体とした研究文化が根づいているため力強い。応用分野を目指す企業との連携なども活発である。ただ、その割に知財ビジネスが拡大していない。

1990年代に、ニッケル水素電池の負極水素吸蔵合金に関する、しかもあまりに広範囲な請求項を持つ米国ベンチャー企業、オボニックの特許訴訟によって、日本の電池メーカーが莫大なロイヤルティーを支払うという経緯があった。

登録特許を有効に活用し、国内外を問わず知財ビジネスを積極果敢に進めれば、先進国や新興国におけるビジネスをもっとリードできるはずだ。特に、米国の知財訴訟は厳しいものがあるだけに、それに太刀打ちできるような知財武器の保有と活用が日本や韓国には求められている。特許に対しては特許で防衛することが日常茶飯事な今、2011年3月にサムスン電子とIBMが知財部門でグローバル提携したような知財ビジネスモデルが今後増加していくものと考えられる。

韓国産業界が抱える3つの弱点

一方で韓国の弱点は3つあると感じている。1つ目は、基礎研究部門が脆弱であること。アカデミズム領域では、これまで韓国にノーベル賞受賞者はいない。産業界では短期成果を求めるあまり、中長期研究開発の比率と質が手薄になっている。

2つ目は、素材・部材産業や装置産業が弱いこと。ただ最近では、装置産業は成長、発展しつつあり、サムスンでの電池製造設備は内製化が一気に進んだ。素材・部材系では韓国も最先端を除けば力をつけつつある。

李明博政権時代に、「韓国の産業界はセット事業が強いものの、素材・部材産業がとても弱い。このままでは韓国の産業界の発展には不安が残る。そのためには国を挙げて先端素材技術の研究開発が必要」という背景のもと、2010年8月に「WPM（World Premier Material）」と称される先端研究の国家プロジェクトが発足した。この中にはリチウムイオン電池の正極材料と負極材料の研究も含まれている。正負極材料のプロジェクト主管を担っているのはサムスンSDIである。

そして3つ目に、独自技術やオンリー・ワンを有する中小企業の力強さが全くないこと。それを活用できる産業構造が成り立っていないのである。

翻せば、前記の3つの要素は日本が大きな力を持っていて、実業の中で成果を出している分野だ。このような強みが多々あるので、今後の産業競争力の向上を目的に、この3要素の有機的な結び付きでシナジーを創っていくという切り口があると思う。

日本の電池産業は、前記のような弱みと強みを持ち合わせているわけだが、今後はその強みを最大限に発揮しながら、各国と競っていかなくてはならない。次なる大きな市場として期待され、よって各国との戦場となる車載用電池。この車載用電池市場に対して、今後どのように取り組むべきかを簡単に展望してみたい。

自動車の電動化においては、2020年ごろまではハイブリッド車を中心に成長を続けるものと見込まれている。調査会社やコンサルタント会社が予測する台数には大きな開きがあり、楽観的に見るか保守的に見るかで大きな差が生じている。概して、2020年ごろの市場はおよそ600万台程度ではないかと考える。ハイブリッド車が65~75%、プラグインハイブリッド車が15~25%、EVが10%程度だろう。

ホンダ時代には他の自動車メーカーへ訪問する機会はなかったが、サムスン時代には電池メーカーの立場で世界の自動車メーカーを訪問したり協議したりしてきた。米国のゼネラル・モーターズ、フォード・モーター、欧州の独フォルクスワーゲン、独ダイムラー、仏ルノー、仏プジョー、日本のホンダ、トヨタ自動車、日産自動車、三菱自動車、マツダ、スズキ、日野自動車、韓国の現代自動車などである。

そこで見えてきたものは、考え方や展開の仕方が各社それぞれ大きく異なることである。例えば、車載用電池に対する性能、安全性、信頼性に対するスペックやその難易度、策定スペックの論理や根拠が異なる。また、電池の開発や評価に対する体制も、内部に取り込んで進めていく企業がある一方で、共同研究や共同開発主体で進める企業、電池メーカーにほとんどを任せる企業など様々だ。

さらに、部材開発や部材設計をどこまで自主的に進めるか、電池構造の開発や設計をどこまで内部で進めるか、自動車の生産拠点に関するグローバル化の度合い、部材調達法やコスト目標に対する考え方――なども大きく異なる点だ。

逆に、サムスン時代には電池メーカーを訪問する機会はなかったが、ホンダ時代には各国の多くの電池メーカーを訪問したり、共同研究や共同開発を展開したりした。やはり同様に、電池各社の強みと弱みが見え隠れした。

このような経験から、今後の電池各社が車載用二次電池で勝ち抜いていくための必要因子は以下の5つがあると考える。

（1）電動化が進んでいる自動車メーカーとの協業、**（2）安全性・信頼性のスペックが高い自動車メーカーとの協業**、**（3）自動車各社の仕様変更にリアルタイムで開発をリンクさせる柔軟な対応力**、**（4）自動車各社の現地生産に追随できる投資力**、**（5）コスト競争力で果敢にチャレンジできる体質**――の5つである。

大型二次電池で勝つために必要な6項目

そして、自動車各社が車載用電池の開発や評価を進めていくうえで覚悟しなければならないのが、ますます多岐にわたる複雑な取り組みが必要となることだ。角型缶タイプや円筒型缶タイプ、ラミネートタイプと電池の構造種類が多いことに加えて、そこに組み込まれる正極や負極材料が多く、いろいろな組み合わせがあることに起因する。

電動化の中でもハイブリッド車、プラグインハイブリッド車、EVでは、電池のスペックも評価試験モードもそれぞれ異なる。そのため、電池の種類や評価試験をすべて内部で行うには、相当な設備投資やリソースの確保が必要になる。

自動車メーカーの電池に対する安全性技術の確立にあたっては、従来の電池セルやモジュールのみにとどまらず、電池パックシステムまでを対象とするニーズが急速に高まってきた。その背景には、近年の中国や米国におけるリチウムイオン電池搭載車での火災や事故、あるいは「ボーイング787」でのリチウムイオン電池の火災、三菱自動車のプラグインハイブリッド車におけるリチウムイオン電池が絡んだリコールなど、電池パックでのトラブルが多発したことに起因している。

電池各社にとってみれば、自動車各社の異なるスペックにそれぞれ対応していかなければならないうえに、積極的な取り組みと早いフィードバックも求められている。しかも、セル・モジュールのみならず、電池パックとして安全性評価のデータを取得する必要がある。民生用途ではない、車載用ならではの開発負荷がのしかかる。

逆に言えば、このような開発ニーズに対応できない電池メーカーは今後、淘汰されていくだろう。車載用や定置用といった大型電池の開発とビジネスが進展している中で、開発効率を高めていく戦略が必要になる。そこで大きな役割を果たすのが、第三者機関による試験・評価・解析機能である。

日本には認証機関や民間の受託試験を担う機関は存在するがまだ少ない。先に述べたように、特に車載用電池パックの評価になると手がけられる機関は限られ、自動車各社や電池各社からのニーズも高まっている。

試験条件は、自動車各社の独自試験法がそれぞれ異なるため、柔軟に対応できる姿勢が問われる。電池パックでの釘刺し試験、電池パックでの外部短絡試験など、危険度の高い評価にまで対応する必要に迫られている。

その中で、エスペックは世界に先駆けて電池パックの外部短絡試験法を確立した。この試験法は自動車メーカーのニーズを受けて確立したものだ。このような受託が可能になれば、自動車業界や電池業界に大いに貢献できる。

しかも、試験評価データの取得のみならず、結果の解析まで行える機能は他国には見られない。やがて電動化、とりわけ車載用電池のビジネスが拡大していけば、このような機能を有す機関は他国でも現れるとは思うが、きめ細かさや信頼性、精度の面では日本が大きな優位性を持っている。そういった試験評価や解析は高効率な試験機器の開発にフィードバックされるので、やがて新たな機能を持つ機器の実現にもつながっていくだろう。

民生用リチウムイオン電池で日本が競争力を失ってきた背景については先に述べた。民生用、車載用および定置用の大型二次電池において、日本の強みを取り戻し、さらに力強くするためには、多くの施策が必要なのは言うまでもない。

民生用では、フットプリントの多様性で特徴を出せるラミネート型のリチウムイオン電池と電動工具用のパワー型リチウムイオン電池の成長が期待される。技術進化はもちろんのこと、韓国や中国の競合に対して、コストを含めた総合競争力を発揮しなければならない。

車載用は日本勢がリードしているが、大差でリードしているわけでもなく、民生用リチウムイオン電池と同様に、とりわけ韓国の追随が考えられる。日本勢と同等またはそれ以上と評価を受ける韓国系の電池も現れつつある。ここでは日本勢が日系自動車メーカーと力強いビジネスモデルをつくり、それを基盤にしたグローバル戦略が問われる。

定置用蓄電ビジネスは車載用ほどの伸びは当面期待できないことから、電池メーカーのビジネスモデルとしては、車載用電池を水平展開する方式が有効だろう。すなわち、車載用電池を定置用に供給することで数量拡大によるコスト低減が期待できる。

このような各分野における市場展望に立ったうえで、日本の電池産業が成長事業として復活、発展、席巻していくためには、以下の6項目を推進する必要がある。

（1）**電池業界と部材業界、評価機能機関の連携強化**。日本が得意とする連携によるサテライトづくり。先端技術で優位性を構築し、常に世界をリードすること。開発効率の向上と、そこに関わる人材の国内留保。

（2）**マーケティング力と市場開拓力の強化**。既存顧客の中長期ニーズの掌握と経営トップから実務に至る階層別の密な交流。新規顧客の積極的な開拓。

（3）**技術経営力の強化**。技術戦略から始まり、やるべきこと・やらないことの論理構築と選別。コアになる技術の応用で競争力を構築。そのためにも、CTO機能の充実は不可欠。

（4）**コスト競争力の強化**。部材調達方式、部材コストを低減させるための研究と開発、生産技術の開発による積極展開。

（5）**知財戦略の強化**。従来の防衛型の知財意識ではなく、攻撃型の知財戦略に転換すること。

強い特許クレームの構築と知財報酬のあり方も課題。

（6）**スピード感ある経営判断。**現地事業所の自立機能による判断と実行。スピード感を意識して取り組まないと、ビジネス機会を失うリスクが生じる。

力強い電池産業を再びつくり上げ、世界に誇れる電池社会システムを構築することで、日本は世界をリードするエネルギー立国になれる。ポテンシャルはある。人材もいる。それらを最大限に活用すること。今現在も、電池産業界に身を置く者としての筆者の見解である。

第11話

グローバル化が下手な日本、よりしたたかな韓国

初等教育の改革で競争意識を持った若者を育成せよ

毎年、話題を集める世界企業のブランド価値ランキング。英インターブランドが2013年9月末に発表した2013年度版の「ベスト・グローバル・ブランド」では、米アップルが初の首位に躍り出たほか、米グーグルが2位、サムスンがアジア最高の8位となった。日本勢ではトヨタ自動車が10位、ホンダが20位、ソニーが46位という結果である。

アップルとグーグルはイノベーションを推し進めている典型的な企業。その根底には、グローバル競争を意識した原理が作用している。日本企業も、様々な分野でイノベーションを起こしているが、アップルやグーグルと比べるといま一歩の感がある。

筆者が注目したサムスンは、2002年は34位だったが、10年余りでトップ10入りを果たし

た。グローバル化とグローバル競争力を高めてきた実績が評価され、ブランド力が向上している。だが、サムスンもアップルやグーグルに比較すると、革新性ではまだ見劣りしてしまう。「キャッチアップ型」のビジネスを成功させてきたサムスンが、半導体メモリーや液晶、有機EL、リチウムイオン電池など、数多くの分野で業界トップシェアを誇るのは周知の事実。サムスンにとってシェアを向上させていくという「命題」は今後も続くが、新たなイノベーションを実現するビジネスモデルづくりが求められている。言うならば、キャッチアップ型から「革新型」へのシフトだ。

グローバル化が遅れている6分野

日本の中でグローバル化が進む分野は多い。代表例は自動車業界だ。環境規制を先取りした排ガス浄化システム、電動化技術、素材の先進性、現地生産、グローバル調達でのコスト競争力など枚挙にいとまがない。10社以上の企業が、グローバル市場の中で凌ぎを削りながら利益をたたき出している。

研究開発分野もグローバル化が進む代表例だ。ノーベル賞などを受賞する先端研究は世界に誇れるものだ。地道な基礎研究と情熱や執念が相まって成果を生み出しており、韓国内では見られない光景と言える。

近年では、スポーツ界もグローバル化が進んでいる。野球やサッカーを中心に、世界で活躍するプレーヤーが本当に増えてきた。野球もサッカーも日本は後発組で、以前は世界で通用するプレーヤーは多くなかったが、今は全く様相が異なった。

グローバルな活動が数多く見られるのは音楽界もそうだ。世界最高峰のベルリン・フィルハーモニー管弦楽団では日本人の安永徹氏が１９８３年から２００９年までコンサートマスターを務めた。２０１０年には、樫本大進氏が31歳でコンサートマスターに就任、クラシック音楽では後発と言える日本人が最高峰のオーケストラを率いている。クラシック音楽の本場、欧州で絶賛されているＮＨＫ交響楽団などの例もある。

実は、ドメスチックな印象が強い金融・証券分野でも、人材の流動に関してはグローバルだ。しかも、製造業とは異なり、日本国内でも人材が動く。キャリアを蓄積して他の企業へ移籍し、条件やステータスを上げていくことが業界標準となっている。

このようにグローバル化が進んでいる業界は数多いが、一方で日本の中でグローバル化が遅れている部分も多い。大きく6つあると考えている。

１つ目は大学教育だ。海外からの留学生は減少傾向にある。韓国人学生も２００５年前後までは日本へ多く留学していたが、ここ数年間は減っている。それでは、どこに留学生が流れているかというと圧倒的に米国だ。それだけ魅力があるということだろう。

海外からの留学生が減っているのは、外国人教員の採用が遅々として進んでいないことも大きい。米ハーバード大学のような海外の有力大学では、外国人教員比率が30％を超えているが、日本では東京大学でさえ5・4％という低調ぶりだ。

もちろん、日本の大学も手をこまぬいているわけではない。外国人教員比率を向上させる狙いもあり、現在6万人の大学教員のうち1万人に対して年俸制を導入するという。成果主義により競争意識をかき立てるシステムだが、希望しない教員は従来通りの雇用形態を採るところが何とも日本らしい。

グローバル市場から見ると日本の大学と大学教員の魅力度は決して高いとは言えない。外国人教員にとって魅力ある制度になることを期待したい。

韓国の場合、小学校から英語を教育していることに加えて、高校では英語以外の第二外国語を課している。この仕組みは、グローバルな考え方を養ううえで効果的なプロセスだ。日韓の高校生交流の際に日本の高校生がすぐに感じることは、英語力とプレゼン力の差だという。日本でも、初頭教育からグローバル化に対応する教育方針やシステムが必要になっている。

グローバル化が遅れている2つ目の部分は、若年層の海外志向の低さだ。その理由を振り返れば、多くの企業が海外留学した日本人学生を積極的に採用してこなかったことが大きい。

リスクよりチャンスを重視する韓国企業

日本の企業では、入社後の処遇でも学部と大学院の差をあまりつけない。あるいは博士号やMBA（経営学修士）を取得しても、価値を認めて採用するところは非常に少ない。それどころか、博士号取得者は専門に特化しすぎていて扱いづらいと敬遠されることのほうが多い。学部を日本で終えて大学院は米国へ留学と考えても、その後の就活で有利にならないと判断してしまえば、おのずと海外留学も伸び悩む。

米国の化学・薬品大手では、研究開発部門への配属者は博士号取得者が大前提。それだけ差をつけているから、博士課程への進学も一般的である。欧米や韓国では、博士号取得者はある分野の専門性が極めて高いだけではなく、研究能力が担保されているという意味合いがある。

実際、サムスンでは博士号取得者は最初から課長級ポストで配属される。優遇されないのは日本だけだ。この結果、日本では博士課程への進学もままならない、あるいは敬遠されることになる。

このような優遇措置があるからこそ、韓国では大学院への進学や海外留学などに積極的になる。大学に限らず、中学や高校から留学するケースも日常茶飯事。家計が豊かでなくても借金をしてまで留学させるという話は有名だ。

筆者の隣にいたサムスンの役員も、奥さんが子供の高校留学に付いて渡米したことで、本人は韓国で逆単身生活を送っていた。彼は長期休暇で会社を空ける際も、「帰省します」と挨拶していた。もちろん、帰省先は米国である。

サムスンはグローバル戦略の一環として、人材のグローバル採用を重視している。世界各国から採用するが、一方で韓国から海外の大学や大学院に留学している目ぼしい人材をピックアップして、個別に一本釣りして採用することも恒常的な光景だ。

ここ数年は日本でもグローバル化が急速に進み、採用時に外国人枠を増やす企業が続出している。外国人と競争する機会がいやが上にも増えるので、今後は若者の海外志向が高まるに違いない。

3つ目の部分は、教育分野での競争力である。OECD（経済協力開発機構）加盟国におけるGDPに対する教育支出を比較すると、日本は初等教育から高等教育まで最低レベルの状況が続いている。このような中で日本が教育で成果を挙げているのは、各家庭が負担しているからにほかならない。この比較では韓国も似たような状況にあり、両国にとっての共通な課題となっている。

もっとも、OECDの国際成人力調査では、日本は数的思考力と読解力の2項目で首位だ。OECDの平均を各年齢層で20点以上も上回っている。これは社会に出てからのスキルの向上や仕事を通じて学ぶ部分が功を奏しているためと分析されている。ただ、パソコンの使用頻度は、参加国中最低レベルであるため、この分野は改善が必要だ。

4つ目の部分は、産業界における国際競争力の低下である。特に電機業界では、重電分野はグローバル競争力を高めているものの、家電分野の立ち遅れが目立っている。その結果がここ数年の間に、国内家電大手が発表した数千億円規模の赤字だ。グローバル競争戦略に遅れを取ったためである。

ただし、近年はソニー、日立、東芝が中小型ディスプレー分野を統合してジャパンディスプレイを発足させたほか、事業の撤退や売却などによる構造改革、過剰人員のリストラなど、様々な対策により筋肉質な企業体質に変身しつつある。

先に述べたように、サムスンは年々ブランド力を高めている。これは取りも直さず、グローバル市場から認められている証拠だ。この日韓の差は、顧客の購買意欲をどれだけかき立てることができているかの裏返しであろう。サムスンに限らずLGも、製品群の開発は国や地域ごとにどのような製品が望まれているか、デザインや機能のそれぞれをマーケティング活動から徹底して調査し、製品開発に反映している。

それに対して、日本企業は国や地域ごとに細かな製品開発やデザイン開発を入念にしてきただろうか。先端技術や機能が優れる日本は、それ自体で製品競争力が高いという自負がある。したがって、顧客や市場ニーズを取り込んで製品を開発するよりは、このような強みを最大限武器にして市場競争を繰り広げるというプロセスを優先してきたきらいがある。

しかし顧客が商品として選択するのは、技術や機能だけではなく、デザイン、価格、製品の総合訴求力である。この点、韓国企業は徹底したマーケティング分析から、そういった顧客の要望に応える商品を開発している。結果として、顧客の心に訴えかける力は日本流のプロセスよりも強い。

日本企業の場合、以前は大きな市場が日本国内にあって、製品開発、生産、販売という流れで自己完結型のビジネスが成立していた。一方の韓国は人口が日本の半分以下という状況がゆえに、大手財閥は最初からグローバル市場を考慮してきた。最近の日本では様相が変わりつつあるが、国内市場に対する考え方の違いが両者の差を生んだと言える。

グローバル化が全体的に遅れているとされている日本に比べると、大手財閥系に限っての話ではあるが、韓国企業はリスクを考える以上に、チャンスをどう描くかに大きなエネルギーを投じているように映る。積極果敢な姿勢は荒削りな部分もあるが、グローバル化に向けた展開はリスク以上にチャンスをどう描くかが優先されるべきであろう。

稲庭「風」に見たブランド侵害

5つ目の部分は食文化の浸透度である。日本食は低カロリー、健康的でおいしい、見栄えも美しい——と、三拍子揃っている。こうした食文化は他に類を見ない、世界一の食文化と評価されている。全国47都道府県には、それぞれ独自の食材や料理があるなど、繊細できめ細かい。

韓国食も世界的に高い評価を得ているものの、3年ほど前の東洋経済日報の記事における評価では15位くらいで、当時の李明博大統領が日本食の最高評価に韓国食も近づけたいという目標を掲げていたくらいである。

さて、そんな質の高い日本食には問題も多い。米国や欧州、韓国などに数多くある日本食店のうち、日本人経営や日本人シェフがいる店では日本の味を再現しているが、現地人が見よう見マネで経営している店の食感はいただけない。

それぐらいならまだ許せる範囲ではあるが、商標侵害もあり由々しき問題である。台湾で商標を取られ、現地に進出できなかった「讃岐うどん」のような事例はあちこちで起きている。TPP（環太平洋戦略的経済連携協定）の議論が進んでいる現状、グローバル市場で日本の食材やブランド名を流通させるためにも価値の高い食は商標でしっかり押さえておく必要がある。

加えて、日本も偽物を排除してブランドを高めていく努力が不可欠だ。筆者自身、2013年3月に以下のような経験をした。

食材や日本酒へのこだわりが強い居酒屋チェーンに出かけた時のこと。メニューを見ると、秋田県の名品「稲庭うどん」があった。『稲庭うどん』の名前は聞いたことはあるが食べたことがない」と同行した知人が言うので、一緒に食べようと注文した。ところが、コシや旨みがなく、稲庭うどんとは明らかに別物だった。

そこで、店員に「稲庭うどん」の出身地を聞いてみると、案の定、分からない。責任者の店長に尋ねても、「詳しいことは分からないので仕入れ元を確認する」という。その場で確認してもらうと、秋田の物ではないとのことだった。「稲庭うどんを食べたいというお客さまが初めて食した時、このうどんならば『稲庭うどんはまずいもの』と印象づけられる。これはブランド侵害行為でしょう」と伝えた。

さらに、「稲庭の後に『風』を付ければ出してもいいだろうが、このまま見過ごすわけにはいかない。私もこのメニューにだまされた。稲庭うどん産地の近くが出身地なのでこだわっている」との意見に、「このうどんの代金はいりません。今後どう対処すべきか検討します」という回答だったので、「また次回来て確認したい」と伝えた。

そして、同年5月に同じメンバーで再度訪問したところ、「稲庭うどん」がメニューから消えていた。店長を呼んで確認したら、筆者が指摘した翌日にすぐこの問題を取り上げ、どうするか対応を考えた末、本物でないものは扱わないことに決めて4月下旬にメニューから外したという。それまでの経過措置として、「稲庭うどん」を注文したお客さまには秋田の物ではない「稲庭風」であることを告げたうえで、注文を取ったという。

この店の対応にはいささか感動した。顧客の意見を迅速に、最大限反映して行動に移すこと、それはどんなビジネスにも共通するマインドそのものである。食材に限らず、このようにブランドを保護して偽物を排除していく文化がどの程度高いか。それが国家の品格とも定義できるのではないだろうか。

中国食材の安全・安心を問題にした日本であるが、食材の偽装は消費者からはもとより、他国からの批判の対象になる。２０１３年に和食がユネスコ無形文化遺産に登録されたことで、日本の食文化はグローバル化が急速に進むに違いない。今後はその魅力を、日本人一人ひとりが世界に伝えていくことが使命となる。

最後の部分は観光魅力の発信度である。２０１２年の外国人訪問者数を国別に比較すると、日本は33位だった。一方で人口が日本の半分に満たない韓国は23位である。優れた観光名所や文化、食など魅力が豊富な日本が低迷しているのは、観光資源の魅力を十分に伝えられていない証しだろう。

この分野での韓国のグローバル化は注目に値する。単なる観光地を中心に集客するという試みではなく、韓国ドラマの海外展開やK－POPの海外進出のように、文化を先に海外へ発信し、その還流効果として韓国に観光客を引き寄せる力が作用している。日本の観光庁は2000万人の外国人訪問数を目標にしている。国家間競争力を意識して、あらゆる角度から積極的に発信していく対応が望まれる。

既に崩れているサムスンの中期経営計画

ここまで、グローバル化に関する6つの課題を見てきた。それぞれに個別の要因があるが、最後に「意識」の問題を指摘しておきたい。

ホンダでの最初の業務、すなわち自動車の腐食問題を解決するプロジェクトを進めていた際に、時折、「前例がない」という意見を耳にした。前例はどこかで初めてつくられるものであり、「前例をつくる」ことこそ価値を生むはずだ。それ以降は、前例のないことを実践する気概で業務に取り組んだ。

新規事業は、まさに前例がないものを具現化することである。ホンダの場合、航空機事業や二足歩行ロボット、自動車の電動化、太陽電池事業などもその典型であった。こういった「ないものを創造する」という気概は、今後のグローバル化時代を勝ち残っていくために不可欠な要素だ。

もちろん、すべてが成功するわけではない。ホンダ子会社のホンダソルテックは2006年12月に設立され、「CIGS（銅、インジウム、ガリウム、セレン）系」の太陽電池事業を推進してきたが、2014年には事業から撤退した。設立以来、商品競争力の維持、向上に努めてきたものの、シリコン価格の下落に伴うシリコン結晶系太陽電池パネルの値下げなどが影響した。太陽電池業界の激しい競争環境の変化の中で、当初の事業計画達成の見込みが立たなくなり事業継続は困難と判断したわけだ。

太陽電池は完全なる後発だったが、後発であればあるほど、既存ビジネスに対する優位性を保有しないと事業としては難しい。サムスン在籍時代の2011年に、ホンダソルテックの経営トップと数回にわたり意見交換したことがある。サムスンもCIGS系太陽電池事業を手がけていたがゆえの交流だったが、サムスンのCIGS系も、独自に差別化できる強い技術や競争力を保有しているかと言えば、必ずしもそうではなかった。

意見交換の際も、お互いの事業環境が厳しいことを認識していた。元凶は中国の太陽電池事業者が異常とも思える低価格競争を仕掛けてきたことで、米国やドイツの企業の経営破綻が相次いだ。揚げ句の果てには、低価格化を仕掛けた中国最大手のサンテックまで経営破綻に陥っている。

太陽電池事業の各社の苦悩は、価格競争の影響だが、サムスングループが2010年に策定した経営計画のシナリオにも無理があった。

太陽電池事業を2020年までの成長事業5分野の1つに掲げたところまでは良かった。だが、計画は4800億円の投資を断行し、2020年には8000億円の売り上げ規模にするという壮大なものだった。その実現性は厳しく、成長事業に育て上げられるシナリオは今やない。

同じような問題は、サムスンが成長事業5分野に選定したLEDと車載用リチウムイオン電池事業でも抱えている。LEDには7000億円の投資計画、車載用リチウムイオン電池には4500億円の投資で2020年に8200億円の売上高目標が掲げられてきた。

その後、LEDは価格破壊が生じ、計画が全く成立しない状況だ。車載用リチウムイオン電池は本格的な普及はこれからであり、価格破壊のシナリオは当面ないだろうが、なぜこのような事業規模が算出されたのか、理解に苦しむ。

これこそが、日本企業と韓国企業が大きく異なるところだ。

実は、サムスンにおいて売り上げ目標は緻密に算出されるものではない。2020年の車載用リチウムイオン電池の市場規模を算出する場合も、売り上げ規模が大きくなるように、調査会社やコンサルティング会社の予測値の中でより楽観的な数値を採用しているのが実態だ。

次に、仮に予想が2・7兆円規模の市場だとすると、そのどれだけのシェアを握るか、すなわちどれほどの競争意識を持って果敢に目標設定をするかを決める。例えば、おおよそ30％のシェアを握ると算定し、単純計算で事業規模が8000億円を超えるという目標を描く。

もちろん、30％のシェアを握れば世界シェア首位となる可能性は高いが、車載用リチウムイオン電池事業では日本勢が強みを持っており、その実現は極めて難しい。

2020年の成長事業5分野には、他にヘルスケア事業が組み込まれている。この5分野で4兆円の目標を設定したのだが、そのシナリオは既に崩れている。そういう状況の中でも、サムスンの経営計画では2020年の事業規模目標を約40兆円としている。

競争意識を働かせて策定し、そこに向かって突き進むという猪突猛進的な韓国文化そのもので、このスタイルは日本企業にはないものだ。

社会での競争と向き合っていくためには、社会に出てからの個人の意識改革では遅すぎる。高等教育ではもちろんだが、むしろ初等教育からの意識づけが重要だ。

ここでの競争意識とは、初等教育から高等教育における学業成績だけのことではない。生徒や学生が個人の強みを発見、発掘して自己を形成していくことだ。社会に出る際に、どんな分野に自分の身を置くのか。どんな分野で競争していくのかという意識のことである。

職種は様々だ。企業人、公務員や教員、農家、漁師、スポーツ選手、芸術家、さらには起業家もそうだ。どんな分野で仕事をしたいのか、そしてどうなりたいのかなど、教育を受ける段階から考えなければならない。

つまり、自らが競争をしていくためには、どのフィールドで闘えばいいのかを考えさせる必要がある。どこにも魅力的な分野を見つけられなければ、起業して魅力的な分野をつくり上げることも選択肢に入るだろう。

そのためには、教育を行う側の改革も必要だ。特に、中学生以上には外的刺激は重要だ。そこにヒントを得て自らを磨いていくことで個人の能力が向上する。やがて社会で競争意識を持って活躍できる基礎を築くことになる。

日本がたどってきたキャッチアップ型産業中心の時代とは異なる、改革や新たなモデルを生み出すイノベーションが各界に問われている今、画一性ではなく多様性に価値を置く人材づくりが求められている。

第12話

スピード感がない日本、せっかちな韓国

ウイン・ウインになるには敬意と配慮が必要だ

ホンダからサムスングループに移籍して驚いたことの一つは、サムスンが長期的な視野に立った研究開発を手がけないことだ。サムスンでは自前で20年以上かけて事業化することはあり得ない。ホンダではゼロから独自に勉強して研究開発を進め、仮に20年をかけても事業化に結び付ける粘り強さがあるだけに対照的だった。

ホンダと同様、日本企業の多くは新事業に関してはじっくり検討し戦略を構築するというスタイルを取る場合が多い。しかし一方で、逆に慎重になりすぎて勝機を失うこともある。あるいはスピード感が足りないという場合も多々あるのも実態だ。それに対してサムスンはとにかく速い。それには、サムスンなりの理由がある。

サムスングループには様々な会社があり、一見すると、グループ内だけで新規事業に関していろいろなチャレンジができそうに感じる。ただ、いざ新規事業を検討するフェーズになると、まずはパートナー探しから始める。それはグループ内に専門家がいなかったり、ビジネスモデルの構築が難しかったりなど、不透明な要素がのしかかるからだ。

事実、サムスングループが公に発信、発言しているように、新規事業を開拓する際の戦術は、強い相手や特徴がある相手との合弁事業やM&Aを優先する。ただ、スピード感があるという表現は大方適切なのだが、時にはせっかち、戦略不足と言わざるを得ないようなケースもある。参考までに、2011年にサムスングループが設立した合弁会社を見てみよう。

1年間でM&Aや合弁設立は10件近い

サムスン電子は米国のヘルスケア企業、クインタイルズと230億円規模の投資で合弁会社を設立した。日本企業とは、サムスンLEDが住友化学とLED向けのサファイア基板事業で、サムスンモバイルディスプレーが宇部興産と有機ELディスプレー向けの樹脂基板事業で、それぞれ合弁会社を立ち上げている。日本企業との合弁設立を見ると、素材分野における日本の要素技術の高さが証明されたと言えるだろう。

エネルギー分野では、サムスン精密化学が米国MEMCと多結晶シリコン事業で合弁を決めた。サムスン精密化学は、戸田工業ともリチウムイオン電池の正極素材事業で合弁会社、ＳＴＭ（SAMSUNG TODA MATERIAL）を設立している。

実は、戸田工業との合弁会社設立には筆者も直接関与した。戸田工業の戸田俊行元社長から筆者が受けた提案に端を発したものだ。

筆者が戸田元社長の提案に積極的な姿勢を示したのには理由がある。リチウムイオン電池の正極材料の供給では、ベルギー・ユミコアがサムスンＳＤＩと密接なビジネスをしていた。筆者がサムスンＳＤＩに移籍した２００４年には、既にサムスンＳＤＩとユミコアは電池向けビジネスを構築しており、事業として成長途上にあった。

ただ２００６年ごろには、電池事業に関するサムスンＳＤＩの経営会議で、「価格交渉してもなかなか首を縦に振ってくれない」と購買担当役員が嘆くほどユミコアの力が強くなっていた。

そういう背景の下、戸田社長が筆者に、「打倒ユミコアのため合弁事業をしたい」と打診してきた。これに対して筆者は、「我々の電池事業にとって、ユミコアにライバルが登場することは自社の競争力を高めることにつながる。ぜひ実現できる方向で検討を開始しましょう」と返答したのだった。２００９年後半の話だ。

筆者は、戸田社長からの提案をサムスングループ内の経営戦略部門と検討。結果として、筆者が所属していたサムスンＳＤＩではなく、素材ビジネスを手がけているサムスン精密化学との合弁会社設立を逆提案することになった。電池事業を手がけるサムスンSDIとの合弁では、正極材料のサプライチェーンに大きな影響を及ぼすからである。

ほどなくして、戸田工業もこの逆提案に同意していただいた。今後、この合弁事業が成功するかどうかは、サムスンSDIの車載用リチウムイオン電池事業の進展次第である。

サムスングループが今後の成長事業の柱の一つに掲げる医療・ヘルスケア事業もM&Aが盛んだ。例えば、2011年にバイオ医薬関連のグループ会社、サムスンバイオロジクスを設立している。世界のバイオ医薬品業界に対して品質重視の製造プロセスの開発、そしてcGMP(current Good Manufacturing Practice＝製造管理および品質管理規則)のすべてにわたるフルサービスプロバイダーを目指した新会社だ。

生産設備は、単一の抗体産生細胞に由来するクローンから得られた抗体分子「モノクローナル抗体」や、人為的にアミノ酸配列を変更した「組み換えタンパク質」に特化。サービス事業には、細胞株の継代培養や処理、分析手法の開発、分析サービスに加えて、cGMPに基づく医薬用物質、医薬品の臨床および商業用大規模生産なども含まれている。

もちろん、サムスンバイオロジクス単独でこのすべてを手がけるわけではない。2013年10月には、スイスの製薬・ヘルスケア企業であるエフ・ホフマン・ラ・ロシュとの間に長期の戦略的生産提携協定を発表した。ロシュが特許を持っている商業用バイオ医薬品を、サムスンバイオロジクスが韓国・仁川に建設した工場で製造するというもので、今後はさらに事業を拡大していくという。

医療機器関連部門では別のアプローチを進めている。サムスン電子の米国法人、サムスン電子アメリカは2013年1月に医療機器メーカーの米ニューロロジカ（マサチューセッツ州）を買収し、子会社にすることを発表した。

ニューロロジカは、2004年に設立されたX線CT装置の専業メーカー。2011年3月には、移動型の全身X線CT装置の販売許可をFDA（米食品医薬品局）から世界で初めて取得している。患者がCT撮影のために移動するのではなく、患者のいる場所にCT装置を運んで撮影できるのが特徴である。

サムスングループが医療機器メーカーを買収したのは、ニューロロジカが最初ではない。2010年には韓国の歯科用CT装置メーカーのレイ、2011年には韓国の超音波診断装置メーカーのメディソン（現在はサムスンメディソン）、同年に米国の心臓検査機器メーカーのネクサスをそれぞれ買収している。医療機器の中でも特に画像診断装置の分野に力を入れているのは、サムスンがディスプレー事業を手がけており、画像技術を核にした強みがあるからだ。

さらに、サムスン電子は2010年6月に血液検査装置を発売した。他社の既存装置に比べて1／10程度に小型化したことに加えて、採血から検査結果が出るまで2～3日要していたものを、少量の血液から12分以内に19項目（糖尿・コレステロール・心臓・腎臓疾患など）を検査できるのが強みである。

日本と同様に、韓国も高齢社会になっている。そういう自国の特性に目を向けて、事業拡大を模索しているわけだ。医療・ヘルスケア事業が成功するかどうか、注目が集まっている。

サムスンのM&Aは必ずしも順調ではない

ここまで述べてきたように、サムスングループでは様々な分野で合弁やM&Aが遂行されている。もちろん、グループ内でも事業再編がスピード感を持って積極的に進められている。例えば、住友化学と合弁会社を設立したサムスンLEDは、もともとLED事業を手がけていたグループ内のサムスン電機と最終商品を手がけるサムスン電子が、2009年3月に共同で設立した会社だ。

ディスプレー関連では、さらに大規模な社内再編が進められている。2007年に有機ELディスプレーの量産を世界に先駆けて開始したのはサムスンSDIだったが、テレビへの搭載を目指し2008年9月にはサムスン電子と共同でサムスンモバイルディスプレーとして生まれ変わった。

大型液晶ディスプレー事業が価格競争の荒波に飲まれて赤字が続いた時には、事業部門のC

EOと担当役員を更迭。2012年4月には、サムスンディスプレーとして分社化を推進した。さらに同年7月には、先に紹介したサムスンモバイルディスプレーとも統合して、新生サムスンディスプレーを発足させている。

経営状況や市場の変化、競争力の推移などにより事業環境は変化する。このような時、グループ間での再編が大きな効果を出す手法となる場合は少なくない。

それでは、今まで紹介してきたサムスンの合弁やM&Aスタイルがすべて順調に進んでいるかと言えば、答えはノーである。

ウイン・ウインの関係を持続的に実現できなかった典型的な事例は、液晶ディスプレー事業におけるサムスン電子とソニーの合弁会社S-LCDだ。資本金は2兆1000億ウォン（約2000億円）、サムスン電子が50%プラス1株、ソニーが50%マイナス1株を持つ形で2004年4月に設立された。

2005年には第7世代（1870mm×2200mm）、2007年には第8世代（2200mm×2500mm）のガラス基板を用いた生産工場が稼働、順調に成長していくかのように映った。しかし、2011年12月に合弁解消を発表。結果として、ソニーが保有するS-LCDの全株式をサムスン電子が取得し、S-LCDはサムスン電子の100%子会社になった。

この株式取得の対価として、1兆800億ウォン（約1000億円）がサムスン電子からソニーに全額現金で支払われた。とはいえ、ビジネスに終止符が打たれたわけではない。双方の競争力強化を目指して、サムスン電子からソニーが液晶パネルの供給を受けるビジネスモデルへと変更した。

合弁解消により、ソニーはサムスン電子から液晶パネルを市場価格ベースで柔軟かつ安定的に調達できるようになった。一方、サムスン電子にとっては、経営の柔軟性が向上しスピード化と効率化を図れるようになったと言える。

S-LCDは積極的な投資と技術開発により、先進技術の駆使とコスト競争力のある液晶ディスプレーを両社に供給し、双方のテレビ事業拡大に貢献してきた。ただ、その効果は中国製液晶ディスプレーの競争力が低かった時点までの話だ。

中国の液晶ディスプレーの性能が向上し、コスト競争力を高めていく中で、S-LCDの事業にも大きな変化が生じた。液晶事業のみならず、中国におけるサムスン電子の液晶テレビのシェアが低下したのだ。こうした厳しい経営環境下で、それぞれの市場競争力を強化するため、両者の合弁は解消に向かった。

サムスン精密化学が米MEMCと設立した合弁会社も苦戦している。合弁会社設立の発端は、サムスンにおける5大成長事業の一つとして2010年に設定された太陽電池事業にあった。

太陽電池では、結晶シリコンを基板に用いた技術の開発をサムスンSDIが進めていた。だが、サムスンSDIでは事業競争力の構築は難しいと判断、2007年に半導体事業を展開しているサムスン電子に移管した。

サムスン精密化学が合弁会社を開始したのは、この太陽電池事業を強化するためだったが、太陽電池の価格破壊やメーカーの経営破綻が世界中で相次ぎ、ビジネスモデルの見直しが必要になった。

その一環で、2011年7月にエネルギー事業を主とするサムスンSDIに太陽電池事業が戻ってきた。当初計画していたシリコン結晶系の太陽電池から化合物系のCIGSへと方針を転換したのも、サムスンSDIに再移管されてからだ。

サムスングループとして、多結晶シリコンを用いた太陽電池事業から撤退したことで、サムスン精密化学は他社の顧客を開拓しなければならなくなったわけだ。

サムスン電子とサムスン電機が共同で設立したサムスンLED も同様だ。LED価格が予想以上の下落に見舞われたことで、ビジネスモデルを再構築する必要性が生じ、2012年4月にサムスン電子の照明事業部に組み込まれた。わずか3年の命であった。

なぜサムスンとボッシュは決裂したのか？

車載用電池事業でサムスンSDIが独ボッシュとの合弁事業に至った背景は先に紹介したが、2008年にSBリモーティブとして発足した合弁事業も、4年後には合弁解消の結末に至っている。

欧州の自動車企業に特に強みを持つボッシュだが、車載用リチウムイオン電池を製造しておらず、競争力のある電池は電動化ビジネスを着実なものにしていくためには必要不可欠だった。サムスンSDIにしても自動車産業とのパイプが弱く、ウイン・ウインの関係が構築できるかに見えた。実際、ボッシュからは役員や実務部隊が韓国に常駐し協業を進める一方、ドイツのボッシュにもサムスンSDIから常駐と出張で対応していくという関係が進んでいた。

ボッシュ側はサムスンSDIの電池工場のすべてに入り込みながら、電池の製造プロセスを克明に把握していた。だが、サムスンSDIがボッシュに出向くとサムスン部屋なる場所に入れられ、多くの場所が立ち入り禁止のような制限を受けていたと担当者から聞いた。このころから思惑や考え方にズレが生じていた模様だ。

筆者がサムスンSDIの中央研究所で戦略担当を担っていた2009年、ボッシュは船舶用のリチウムイオン電池を独自で事業化したいという声明を出した。この話を耳にした時の筆者の予感は、サムスンの電池製造プロセスを学びながら、やがて自前でリチウムイオン電池を製造することではないかとの不安がよぎるものであった。

追い打ちをかけるような出来事は2010年に起きた。日本経済新聞の1面にボッシュのビジネス展望の記事が出た。東京での国際会議に出席したボッシュの会長が発言した内容が紹介されていた。

「ボッシュはこれまで自動車の電動化事業を進めており、モーターや制御系技術の領域で確たる独自のビジネスを展開してきた。今後は電池分野でも独自のビジネスを展開していきたい」との趣旨だった。サムスンと協業を進めている途中段階での声明は、合弁に頼らずボッシュが単独で事業を進めていくという意思表示のように映った。

この記事を見て、知人であるボッシュの専務（当時）に電話をかけ、「日経新聞を見たところ、会長が電池事業はいずれ単独で展開したいと言っているような報道になっている。どういうことか」と問いただした。すると専務は、「その記事は見ていない。すぐに本社で確認して連絡する」と回答し会話は終わった。

後日、その専務から再度電話を受けた。「ボッシュ本社で確認したが、そのように考えていることはないし、会長もそんなことは言っていない。恐らく日経の記者が会長の言葉を誤解して記事にしたのでしょう」という説明だった。腑に落ちない感触は多々残った。結局、2012

年9月に「離婚」手続きを経て合弁を解消するのだが、そこに至る布石がこのように様々あったわけだ。

ボッシュとの合弁に失敗したサムスンSDIに対して、競合の旧三洋電機（現パナソニック）は車載用電池事業で成功を収めている。ホンダや米フォード・モーター、独フォルクスワーゲンなどとの大きなビジネスを実践してきたのは、電池セルから制御技術を統合した電池パックまでのトータルソリューションを提供してきたことが最大の要因だ。すなわちボッシュのようなパートナーを必要としないビジネスを展開してきた。

旧三洋電機は自動車メーカーに対するTier 1（一次下請け）という位置づけでビジネスに臨んだのである。これに対しサムスンSDIは、Tier 1であるボッシュに供給するような立場、すなわちTier 2の立場だったわけだ。Tier 2の弱みは、どうしてもTier 1にビジネスを強力に握られるところにある。

旧三洋電機の経営トップ層の方と会食した2012年のこと。「サムスンが車載用電池でボッシュと合弁を組むと知った時、その時点で三洋はサムスンに勝てると思った。サムスンはTier 2にしかなれない。三洋はTier 1でのビジネスしか考えておらず、それが強みになると考えた」と伺った。まさに、旧三洋電機の戦略の正しさが証明された。

合弁の難しさは、実際に進めていく中で露呈してくる。両社の思惑と戦略、考え方がピタリと合わなければ長続きはしない。

サムスンとの合弁を解消したボッシュが電池ビジネスで打った次の一手は、電池会社のGSユアサとの「結婚」だった。2014年4月に新たな合弁事業を立ち上げた。サムスンSDIとは異なる形で、合弁事業を成功に導けるかどうかが注目される。

車載用電池における共同出資会社の設立は、日本ではポピュラーだ。逆に日本以外ではドイツの一部を除けば見当たらない。自動車と電池は相互の歩み寄りと関わりが極めて重要なコンポーネントだからこそ、双方に関わる必要があり、その開発文化が共同出資会社の設立に至らしめている。

最初の共同出資会社はトヨタ自動車と松下電池工業、松下電器産業が1996年12月に創設したPEVE（パナソニックEVエナジー）にさかのぼる。ニッケル水素電池のビジネス協業だが、トヨタが60%、松下グループが40%の比率でスタートした。

2010年4月にトヨタ80・5%、パナソニックグループ19・5%に出資比率が変更されたほか、同年6月にはプライムアースEVエナジーに社名を変えて現在に至っている。ニッケル水素電池以外にリチウムイオン電池事業も手がけ、トヨタのビジネスに大きく貢献している。

ホンダとGSユアサが2009年4月に共同で設立したブルーエナジー（BEC）も良好な

ビジネスを展開中である。出資比率はホンダが49％、GSユアサが51％である。ホンダのハイブリッド車のビジネスが順調に進んでいるだけに、BECもフル稼働になっている。ホンダからの常駐者や出張者もひっきりなしで、一体感を持って推進しているようだ。将来的には、ホンダの出資比率を増やす可能性もある。

トヨタとホンダが電池メーカーとの協業を順調に進めている一方、苦戦を強いられているのがLEJ（リチウムエナジージャパン）とAESC（オートモーティブ・エナジーサプライ・コーポレーション）だ。

GSユアサが三菱商事、三菱自動車と共同でLEJを設立したのは2007年12月のこと。出資比率はそれぞれ51％、34％、15％だ。2009年に販売開始した電気自動車（EV）「i-MiEV」への供給が始まったものの、EV自体の販売不振で苦戦を強いられた。2013年初頭、プラグインハイブリッド車「アウトランダー」を市場に供給したが、電池が原因でリコールに至った。現在は事業を再開しているが、厳しい状況は変わらないようだ。

また、日産自動車とNECが2007年4月に設立したAESCも苦戦が続く。出資比率はそれぞれ、51％と49％である。最大のビジネスモデルは日産のEV「リーフ」への供給だったが、これも販売不振で稼働率の低迷を強いられた。日産の戦略では、リーフの販売価格の引き下げや技術開発による商品魅力の向上、ハイブリッド車の充実を通じて競争力を確保していくことになっている。

ＬＥＪもＡＥＳＣも事業立ち上げからの数年間、苦しんでいるのはＥＶに主軸を置いたビジネスモデルだったことが原因だ。自動車メーカーの経営戦略がＥＶでの市場創成であったがために、ともに辛酸を舐めた。双方には、今後の巻き返し戦略が急がれている。

以上述べたように、他社との協業は発展していく期待と可能性がある一方で難しさも伴う。特に海外企業との合弁は、相手の考えや戦略、将来のビジネスモデルなど、様々なケーススタディーとウイン・ウインになり得るストーリーが必要だ。自社のメリットのみを考えるのではなく、リスクマネジメントをしっかりと考えたうえでのリスクヘッジ、そしてパートナーにとっての敬意と配慮も必要になるだろう。

第13話

特許マネジメントがつたない日本、抜け目ない韓国

知財戦略を軽んじると命取りになる

2013年12月、NHKで「太陽の罠」というドラマが放映された。保有特許を武器に企業に不当な要求を突きつける「パテントトロール」が、太陽電池関連の特許にしかけた落とし穴から物語が始まる。

このドラマはフィクションだが、今後のグローバルビジネスには「特許戦争」と呼んでもいいほどの大きなリスクとチャンスが同居している。日本企業は、どちらかと言えば特許を攻撃的な手段として活用するよりも防御的な手段として考えている。だが、パテントトロールが日本企業に忍び寄る公算は大きいと見るべきだ。

事実、知財で痛い目に遭うケースは枚挙にいとまがない。1990年代半ばにはニッケル水

素電池で、日本は米国に苦汁を飲まされた。ニッケル水素電池のコア技術である水素吸蔵合金である。文字通り、水素を取り込むことができる金属であり、電極の一つである「負極」に用いられる。

筆者がホンダで電池研究機能を立ち上げた91年には、既に日本勢は先進電池としてニッケル水素電池ビジネスを民生用途で確かなものにしていた。当時の松下電池工業や三洋電機、ユアサコーポレーション、東芝といった電池大手は世界を制しており、堅調なビジネスを展開していたのである。

ニッケル水素電池の事業が本格化するきっかけは、70年代にオランダ・フィリップスが水素吸蔵合金を発明したことにさかのぼる。その技術を応用して日本がいち早く電池事業を立ち上げたのは、「電池立国」日本ならではの成果である。97年、カリフォルニア州の法規対応としてホンダが市場に投入した最初の電気自動車（ＥＶ）「ホンダＥＶ ＰＬＵＳ」にも、ニッケル水素電池が搭載されている。

米ベンチャーが仕掛けた〝特許戦争〟

ホンダにおける電池開発は、当初は松下電器産業（当時）との共同研究であり、後に松下電池工業との開発へと発展していった。一方でホンダでは筆者が中心となり、水素吸蔵合金の材料開発を単独で実施していた。

91年のある日、ホンダの和光基礎技術研究センターに筆者が材料設計した水素吸蔵合金が外注先より届いた。いよいよ、新規材料が実現するかと期待に胸を膨らませながら実験評価をしていた時のこと。実験室の席を10分ほど離れて戻ってきた時に驚いた。その材料が発煙していたのである。

水素吸蔵合金はその特性が優れているほど反応性が高い。中でも、酸素との反応が活性化されるのだ。筆者自身、そこまで反応性が高いと想定しておらず席を離れていたが、危うく実験室を火事にしてしまうところだった。この記憶は、20年以上経過した今でも鮮明に覚えている。

ニッケル水素電池を開発していた際に松下電池との協議の席で、「ホンダも新たな水素吸蔵合金の開発に取り組んでおり、松下の技術を超える材料を発見、発明しようとしている。試行錯誤を繰り返したが、なかなか松下の材料の特性を超えるものが出てこない」と話を切り出したことがある。

すると、松下のキーマンからは、「我々がどれくらいの歳月をかけてここまで開発してきたか知っていますか。同じような成果を出すには、ホンダでも十数年くらい頑張ってもらわないといけない。それほど大変な開発だった」と回答された。

この発言を受けて、そこまでの苦労と経験の末に現在の技術にたどり着いているのだと感慨深い思いになった。同時に、簡単には現在の技術を超えるような材料は出ないだろうと判断し、材料設計は松下電池に任せることにしたのだった。

松下とこうしたやり取りを繰り広げていた時期に、米国のベンチャー企業オボニックが日本に攻勢をかけてきた。このベンチャーはニッケル水素電池の開発から事業化を検討しており、ホンダでも協業を目標として車載用ニッケル水素電池のプロジェクトを推進していた。すなわち、日本では松下電池、米国ではオボニックとのプロジェクトを並行で進めていたのである。

そのオボニックが2001年、日本の電池大手に対して特許侵害の訴えを起こした。各社が民生向けの小型ニッケル水素電池の事業を盤石にしていた時期のことである。事業展開していた日本の電池メーカーも多くの特許を出願していたものの、それら個々の特許が全部飲み込まれてしまう基本特許で訴えてきたのだ。

この特許訴訟は、米国の裁判所で始まった。日本企業の多くは、訴訟で多くの時間と費用をかけるよりは特許侵害を認める形で和解する道を選んだ。

ところが、オボニックは日本国内での特許申請に関しても特許庁との交渉を開始した。審査請求はいったん登録不成立となったが、オボニックの再三再四にわたる粘り強さが奏功。日本でも登録に至り、深刻な問題に発展していった。この結果、電池各社は多大なロイヤルティーを支払わざるを得なくなった。

なぜこのような事態に陥ったのか。それは特許の請求クレームに基づいている。日本勢の特許が飲み込まれるクレームの内容とは、負極に用いられる水素吸蔵合金の物質特許だった。具体的には、「不規則性を持った水素吸蔵合金」を使うすべてのニッケル水素電池を対象とするものだ。

この特許に抵触しないニッケル水素電池はある。どういうものかと言えば、不規則性が全くない単結晶の水素吸蔵合金だ。ただ、世の中にはそんな電池は存在していなかったし、仮に作ったとしてもとんでもない高額になるので現実的にはビジネスとして成立しない。

この事実から言えることは、基本特許の範囲が広ければ広いほど強力な特許になるということだ。ただ、当時の日本の特許クレームの概念では到底成立しないようなクレーム範囲だったため、日米間の特許解釈に大きなギャップが生じた。

請求範囲を狭めて価値ある特許が紙くずに

最近の日本の特許審査では、物質特許や材料の構造特許が認められるなど進展は見られるが、このように開発分野に大網をかぶせるような特許が諸外国から提示されることは今後もあり得る。逆に日本としても、大網を投じられるような特許ビジネスが必要になっていることも事実だ。

筆者は1996年5月に、EV用電池に関した特許を日本と米国に出願した。その内容はEVの出力に関する基本的な考え方であり、駆動系モーターの出力と電池の出力の比率を数値化して範囲を定め、この範囲がEVには極めて重要な意味を持つことを出願したのである。これが成立すれば、多くのEVの設計概念が抵触することになるので、基本特許に類似した効力を発揮すると考えた。

出願結果がどうなったのか。結論から言えば日米で真逆になった。日本では特許性がないと判断されて棄却。一方、米国では有効性が認められ、1998年に登録に至った。この両者の違いからも、日米には特許の解釈に大きな隔たりがあることが分かる。

米国特許は成立したものの、この時期には米カリフォルニア州などでEVの法規も緩和されており、EVの販売は振るわなかった。結果として、特許ビジネスまで至らなかったことは悔しい限りだ。

特許に関して言うと、もう一つ印象深い出来事がある。筆者がホンダを去る直前の2003年、知財担当者が馬鹿げた特許請求内容で強引に申請し、登録に至っていたことを知った。リチウムイオン電池の正極材料に関する特許である。この特許に筆者は直接関わっていないが信じられない内容だった。

発端は、日本のある化学メーカーがホンダの特許に強い関心を持ったことだ。「特許をライセンスしてほしい」と筆者あてに問い合わせてきた。改めて対象となる特許を見ると、正極だけでなく負極材料の記述までされていた。つまり、条件付きの特許だったわけだ。

その後、発明者と話をして分かったことは、知財担当から負極材料を強引に追加されたという。「知財担当者は酷いね。このクレーム請求じゃ、せっかくの宝物がただの紙くずだ」と発明者の苦労をねぎらったが、発明者が信念をもっと伝えなかったことも問題だった。

発明者自身、正極材料をニッケルとコバルト、マンガンの三元系金属の配合比率で出願しようとしたのだが、知財担当者が負極材料を金属リチウムと追記したのだ。広いクレーム請求にするためには、負極の規定など必要ないのに、審査を有利に進めたかったのか規定してしまったのである。

リチウム金属酸化物は安全性や性能に優れているため、民生用電池や車載用電池のメジャーな正極材料として広く適用されている。一方で、負極材料として金属リチウムは反応性が高すぎるため、安全性が全く確保できず、実用化されていない。

筆者は化学メーカーの方に、「この特許はあまり効力がないはず。なぜなら負極材料で条件付きになっている。この負極は現実的に実用化には適さない」と説明した。

このコメントに、先の化学メーカー側が気を良くしたことは言うまでもなかった。この三元系の特許に関しては、結局、負極の規定を記述しなかった米国ミシガン州にあるアルゴンヌ国立研究所が強い知財を保有することになった。最終的には、日本の材料メーカーにライセンスを出すビジネスにまで発展させている。

厳しい判断基準で特許申請を棄却することは、日本の産業競争力を削ぐ結果になる可能性もある。クレーム請求範囲の解釈については、いまだに議論の余地が残っていると言えよう。

知財提携を加速させるサムスンの意図

特許に対する個人の権利はどの程度か。日本企業でもこうした議論は一般的になってきている。

この議論の先駆けとなったのは、青色LEDの発明者とされる中村修二・カリフォルニア大学サンタバーバラ校教授に端を発する。日亜化学工業に在籍していた時に発明したLEDの知財権を巡って、中村氏が日亜化学を訴えたのが発端だ。

2004年1月、日亜化学に対して約200億円の支払いを命じる判決が下され、世間を驚かせたのを覚えている読者もいるだろう。双方の主張合戦の結果、2004年12月に裁判所は和解勧告を下し、2005年1月には和解によって訴訟が終了した。和解金は延滞損害金も含めて8億4000万円に至った。

その後、企業の元技術者が対価の補償という論拠で会社を訴える事例が勃発した。今でも時折、そのような事例が報道されている。会社側も事前の防備として、対価の補償基準を見直している。ホンダも例外ではなく、補償基準の見直しに踏み切ったし、特に製薬会社での対価に対する報酬は1件当たり1億円というのも珍しくない。

発明対価に関する異論・反論は多々あるかもしれない。だが、本来アイデアは個人の発想に帰するもので、その個人が存在しなければ特許に結び付かない。

確かに、企業内での発明については権利譲渡書に署名するため、権利そのものは企業のものだが、その特許が大きな効力を持って知財ビジネスや収益につながった場合、やはり対価の補償は必要になる。

その際に重要なことは会社と個人との関係だ。合意されている基準がない場合は、双方の協議のうえで決めていくことが適切かもしれない。一方的な押し付けは双方に亀裂を生じさせ、訴訟問題となって泥沼化してしまう。

自動車業界でも国を超えた技術提携が進んでいる。トヨタは独BMWとディーゼルエンジンや車載用次世代電池、燃料電池分野で技術を補完し合う関係を築いている。日産自動車も仏ルノーだけでなく、独ダイムラーと燃料電池自動車の開発で提携している。独自路線を突き進むホンダでも、米国ゼネラル・モーターズ（GM）と燃料電池車で開発提携するなど、ここにきて急に提携モデルが加速した。

企業間での技術提携が進めば、そこにまた知財権に関わる課題も浮上してくる。効果的な特許範囲を戦略的に記述する工夫は必要だが、結局のところ、優れたアイデアを出し、その知財の効力を最大限に活用できる企業が大きなメリットを享受できることに違いはない。

ここで、知財に対するサムスンの考え方を示しておこう。

サムスンは2010年に、米国での登録特許数が米IBMに次ぐ世界2位に躍り出た。そして、トップ2社であるIBMとサムスンは2011年3月に知財提携を締結、双方の特許を使用できるパートナーシップを結んだ。まさに知財のグローバル提携にまで発展させた。

同様に、サムスンは2014年1月に米国グーグルとの広範囲な特許相互利用で合意に至っている。協力関係の強化とともに、各種の特許紛争の激化に対処していく思惑がある。立て続けに、2月には通信機器大手の米シスコシステムズとの特許相互利用に関する合意を発表した。

このようなサムスンのグローバル知財戦略は、日本企業よりも積極的かつスピーディーで抜け目ない。オボニックの事例を見ても分かるように、企業にとって知財はチャンスにもリスクにもなるので、リスクヘッジのための知財提携が活発になってきている。

2013年の米国特許取得数ランキングでは、IBMが6809件で21年連続首位、2位はサムスン電子の4675件、3位がキヤノン（3825件）、4位がソニー（3098件）、パナソニックが6位、東芝が7位と、トップ10には日本企業の4社が名を連ねている（米国IFIクレームズ・パテント・サービシズ）。韓国LG電子も10位につけており、健闘していると言えるだろう。韓国企業もグローバル市場での特許係争を展開しているだけに、リスク回避だけでなく、競争上、優位な位置を確保するために積極的な特許登録を展開している。

２０１２年には、英国でサムスンとアップルにおけるスマートフォンの特許訴訟問題で一つの判決が出た。内容は、「サムスンのデザインは、アップルほど格好良くないので特許を侵害していない」というもの。デザイン戦略を展開してきたサムスンにとって、特許侵害をしていないという判決は出たものの、デザイン性を否定されたことが関係者にはショックだったと言われている。

パテントトロールではないが、スマートフォンやタブレット関連の特許で、米アップルとサムスン電子が訴訟合戦を繰り広げている。２０１３年11月中旬には米カリフォルニア州サンノゼの連邦地裁が、サムスンに対して約2億９０００万ドルの支払いを命じる評決を下した。アップルがサムスンに対して3億７９８０万ドルを支払うべきと主張、一方のサムスンは賠償額が５２７０万ドルにとどまると反論していた訴訟に対する判断だ。

この件では２０１４年5月2日に、カリフォルニア州連邦地裁の陪審がサムスンの特許侵害を認め、賠償額を1億１９００万ドルとした（日本経済新聞）。もっとも、アップルは22億ドルの巨額賠償を訴えていた。評決の妥当性について今後、裁判官が検証し最終判決が下されるとのことである。

アップルとサムスンの特許訴訟は米国だけでなく、韓国や日本、欧州の至る所で展開されている。以前は、どちらかが一方的に不利という状況ではなかったが、今回の米国での評決は、今後の双方の特許訴訟に大きな影響を及ぼす可能性がある。

一連の特許訴訟が意味するのは、世の中にない商品や機能、デザインなどが大きな知財を育くみ、それが後の巨大なビジネスにつながることだけでなく、2番手以降のプレーヤーにとってはリスクの伴うビジネスであることだ。こうした部分にどのように対処していくか。そうした領域を軽んじてしまえば企業の命取りになる。

第14話

技術者に冷たい日本、人材流動が日常的な韓国

"技術流出"を防ぐために日本企業がすべきこと

日本のプロ野球から米大リーグに移籍し成果を挙げている選手は、イチローをはじめ少なからずいる。今後も増えていくであろう。そういう選手たちを日本人の多くは応援している。

サッカー界もしかり。日本のJリーグから欧州各国のリーグに移籍する選手は年々増加している。本田圭佑選手など海外リーグで活躍している選手の存在はサッカーファンのみならず、日本人は誇らしげに感じているはずだ。人材流出だと感じている人たちでさえ、その思いを口にしないだろう。

日本のサッカー界では、一流の人材が海外に移籍した結果、日本で活躍している選手は二流以下と揶揄されることまである。海外移籍した選手を応援することはあっても、日本に対する

裏切り者とは表現しない。

音楽界も同様だ。欧米に留学し、その後、現地で活躍する日本人は多い。ベルリン・フィルハーモニーの若きコンサートマスター、樫本大進氏はその典型だ。芸術界では人材のグローバル化がどんどん進んでいる。

それでは、筆者が身を置く製造業における海外移転は技術流出につながるのか。答えはイエスでもありノーでもある。

中国進出後も技術流出とは無縁の森田化学工業

中国では中国政府の方針によって、日系企業は現地企業との合弁が義務づけられている。中国という巨大な市場に参入しようと考えた場合、海外移転は避けられない状況だ。

このため、自動車業界では技術流出の対策に敏感だ。例えば、トヨタ自動車は中国でのハイブリッド車生産について、基幹部品は日本から輸出して中国では組み立てだけを実施するというビジネスモデルを展開してきた。モーターや電池といった基幹部品の技術流出を懸念しての判断にほかならない。

そのトヨタが中国市場のさらなる開拓のために、今後は基幹部品の開発から生産まで一貫して現地で実施するという。大局的な判断だと思うが、技術流出の懸念よりもビジネス拡大に向けたチャンスと考えたのだろう。流通や生産の現地化によるコスト削減で多くのメリットがあるとすれば、どうやって技術流出を防ぐかを考えればいい。

日本企業は韓国や中国での生産を検討すると、すぐに技術流出というイメージを抱きすぎではないか。海外進出した際のビジネスメリットという攻めの考えと、技術流出をいかに防ぐかというリスクヘッジの考えが欠如していたように見える。

こうした考えは国民性が反映されているのかもしれない。狩猟民族系国家の企業は海外移転をビジネスチャンスと捉えるケースが多いが、日本のような農耕民族系国家の企業ではチャンスよりもリスクを先に感じるものだ。

自動車業界のみならず、近年はリチウムイオン電池用の主要部品の一つである「セパレーター」事業で、東レや旭化成が韓国に製造プラントを構え、グローバルな事業を展開している。さらに、「正極材料」では戸田工業が韓国サムスン精密と韓国で合弁会社を設立したり、「負極材料」では日立化成が中国に進出したりするなど、海外移転は徐々に活発になっている。

中でも積極的に中国ビジネスを展開しているのが、リチウムイオン電池向けの「電解質」メーカーである森田化学工業だ。2004年に中国に生産子会社「森田化工（張家港）」を設立、中国における生産体制の構築に着手している。その陣頭指揮を執ったのは、森田化工（張家港）の総経理を務める堀尾博英氏である。筆者も定期的に交流させていただいているが、同社の徹底ぶりは驚きに値する。

　電解質の事業については、日本での生産をやめて中国での生産に集中するなど、低コスト化を生かしたグローバルなビジネスに舵を切った。筆者はサムスンSDI在籍中、堀尾氏と二人でサムスンSDIの電解液系のコスト低減プロジェクトを立案し実行した。

　森田化学にとって、競合メーカーは日本に2社ほど存在する。しかし、先行して中国に進出した森田化学のビジネスには到底かなわず苦戦を強いられている。

　では、森田化学は技術流出やリスクをどう考えているのか。それが全くと言っていいほど問題視していない。なぜなら、きっちりとリスクマネジメントを行っているからである。特許で縛る領域やノウハウで確保する領域、現地社員との信頼関係の構築などきめ細かな対応があり、参考にすべきことが多い。

　技術流出を強く気にする企業は、本当に優れた技術を豊富に持っているのだろうか。ノウハウや知財が中途半端な企業ほど神経質になっているのではないか。むしろそれよりも、グローバル展開における技術流出を防ぐための戦略を考えることが、新たなビジネスモデルにつながるはずだ。

　次に、企業という組織の課題からブレークダウンして、とりわけ技術者の海外移籍について考えてみよう。

海外への人材移籍は技術流出か

米国のアップルやグーグル、マイクロソフトで働く日本人は多い。ＩＴ（情報技術）スキルが長けているからこそ活躍できる。

では、韓国のサムスンに移籍したケースはどうか。口を揃えたように技術流出という表現が飛び交う。サムスンだけでなく、韓国ＬＧグループや台湾・中国企業に移籍しても同じことだ。スポーツ界や音楽界では日本より先進国である欧米が崇められる。一方で、製造業では日本が強かっただけに、韓・台・中は技術が日本より劣るという概念が働くため、結果として上目線で技術流出と表現してしまうのだろう。

青色ＬＥＤを発明した中村修二氏とホンダ時代に話をした時のこと。米国の国際会議で出会った米国人から、「Slave（奴隷）Nakamura」という異名を付けられたという話を伺った。日亜化学工業からの最初の特許補償が数十万円だったことから、「おまえは会社の奴隷だな」と言われたのだ。

その中村氏が日亜化学を去る段階になった時、日本の企業や大学からは声がかからなかったと話していた。結局、現在のカリフォルニア大学サンタバーバラ校から教授として招へいされることになる。

筆者もホンダでの考えが合わなくなり2004年にサムスンへ移籍したが、できれば日本の企業や大学で職に就きたいと考えていた。しかし、希望に合う居場所を見つけられなかった。

こうしたタイミングでサムスンSDIからオファーが来たのだが、初めは韓国まで渡ることはないなと考えたのが本音だった。だが話を聞いているうちに、海外だから云々ではなく、自分の力が発揮できるところで仕事をしようと考え、海を越える決断を下した。

自動車業界から電池業界なので同業他社への移籍ではない。このため、移籍先をオープンにしていたが、「なぜ韓国に行くのか」という批判が多々あったのも事実だ。

当時、日本の電池会社から同業のサムスンSDIへ移籍した人物は10名近くいたが、彼らは同業系からの移籍であった。このため、特に日本側に対してオープンな立場で業務ができる状況ではなかった。

筆者が日韓の電池工業会や日本の素材産業と協力関係をつくり、日本のセットメーカーとのビジネスモデルの構築に関わったことはこれまでにも記述したが、結果としてこうした活動は日本の産業界に貢献したと考えている。ただ、こういう活動は一般には直接見えるものではないため、「日本を離れて」、時には「日本を捨てて」という表現を浴びせられることもしばしばあった。

同じころ、セイコーエプソンやソニーといった日本企業は有機ELディスプレーの事業化を進めていたが、その計画は遅々として進まず、有機ＥＬの技術を持つ人材は路頭に迷った。というのは、日本企業で有機ＥＬ事業を積極的に推進しようとする企業がなかったからである。

彼らが日本企業にそのまま残ろうとしたら、有機ＥＬではない事業や研究開発に携わらざるを得ない。まして有機ＥＬ部門をたたんで人員のリストラが実施されれば、所属会社に残ることすらできない。

結局、有機ＥＬ関係を専門とする数名はサムスンＳＤＩへ移籍した。同社が有機ＥＬ事業を立ち上げると表明しており、研究開発を積極的に進めていたからである。彼らにとってみたら、サムスンに助けられたという気持ちであったはずだ。自分のキャリアを評価してくれ、しかもその延長上には近い将来の事業化が見えていたのだから。

その後、地道な研究開発成果をもとに、サムスンＳＤＩは２００７年に世界初となる有機ＥＬパネル事業を世に出した。技術開発や生産技術、品質管理などの多くの分野で日本人が貢献したと言える。

このような場合、技術流出や人材流出という言葉は適しているだろうか。いずれも適していないだろう。日本では事業を進める企業がなく、既に競合状態にない。そして、そのような人材は日本では必要がなくなっている。むしろ、個々人のキャリアを発揮して自身のモチベーションを維持し、事業化までできるシナリオは、個人にとって大きなキャリア形成と財産になる。

もっとも、海外へ移籍しようとしても、採用側にとって魅力のあるスキルやキャリアがなければ実現しない。いわゆる普通の人は必要ないわけで、特許考案力や技術、企画力、人脈などの能力を備えた人材が対象になる。

パナとの統合で電池関連の優秀な人材が流出

同様に、日本の電池産業界を見てみよう。車載用電池事業は日本勢が優位性を保っているが、民生用では日本勢が韓国勢に苦戦している。2006年ごろまでは強かったリチウムイオン電池産業で市場シェアを落とし、韓国勢に市場シェアトップの座を明け渡した。

ソニーは1991年に世界初となるリチウムイオン電池の量産を実現し、有力な電池事業を展開してきた。だがここ数年、市場シェアを落とし収益性が悪化した。2012年後半、電池事業を売却するとの新聞発表があったのは記憶に新しいところだ。

売却という事態になれば、そこに在籍する技術者はどう対応すればいいのか。ソニーという企業名がなくなってもとどまる技術者は多いだろうが、ソニーでなくなること、経営方針が変わることなどの多くの不安からあえて踏みとどまろうとせず、外部に活路を求めて飛び立つ人材もいるであろう。しかし、そのように行動しようとしても日本国内の電池産業が疲弊しており、人材を確保する器がない。とすると、海を越えて海外にという構図は責められることではない。

幸い、ソニーは2013年暮れに電池事業を今後の中核事業と位置づけ、再出発することにした。ホッとした社員もさぞかし多かったと思う。1年後に180度方向転換を図ったことになる。

一方で、三洋電機はパナソニックのM&Aの末、会社が消えた。三洋の電池事業は優良事業として電池業界からも敬意を表されていた。サムスンSDIも、2000年代半ばの経営会議で、どうしたら三洋に追いつけるかという議論をしつこく展開していたほどだ。

だが、パナソニックとの統合で生産能力や人員の重複が目立ち、これまで何回かにわたって構造改革が実施された。2013年10月の人事で、旧三洋系部門のリーダー職のほとんどがパナソニック出身者に置き換えられたとも聞いた。その結果、三洋出身の優秀なキーパーソンの一部もパナソニックを去った。

このように、ひとたび統合による人員整理が起これば、親会社出身者よりも子会社出身者のほうが立場的にかなり弱い。力関係の論理が働くから無理もない。そういう環境下で不安を感じながら仕事をして、いつなんどき人員削減の対象との知らせを受けるかという不安は精神衛生上、極めてよくない。

しかし、こういう状況下でも、スキルやキャリアを持っている人材には声がかかる。海外へ移籍する原動力にもなり得る。国内で転職できる舞台があればそれがベストであろうが、そうでなければ韓国や中国の企業を選ぶ道もある。日本に次いで電池産業が強いのは欧米ではなく韓国であるから、韓国へ渡る人材を無理に引きとどめることはできない。

日本の電池産業が十分に競争力を持っていれば、わざわざ好き好んで海を渡ることはないはずだ。ただ競争力を失い、事業縮小や人員削減、Ｍ＆Ａなどが進む中では、自身の身の置き場を一番先に本人が考えねばならない。会社は助けてくれず、自己責任での対応が求められる。

構造改革の波が押し寄せる時、それまでの経験でスキルやキャリアを積んだ人材はほかでも闘える。キャリアとはそういうもので、他でどこまで通用するかで価値が決まる。

逆風の中での海外移籍、特にアジア企業への移籍を批判、非難する人たちは多い。しかし、それはそのような局面に当事者が遭遇していなかったからであり、同じような境遇が目の前に現れたらいったいどのような行動をとるのか見てみたいものだ。国内に活躍の舞台がないのに、「技術流出や人材流出になるから海外へは移籍しない」と言って、仮に仕事がなくても国内に踏みとどまるのだろうか。

人材の流動化という点で見ると、韓国は日本と大きく異なる。

グローバル市場で43万人もの社員がいるサムスングループ。サムスンに限らずＬＧグループも現代グループも、良きにつけ悪しきにつけ人材流動は活発だ。当然ながら、最初から終身雇用の概念もなく、成果を出さなければ会社に生き残れない。そして自身のやりたいことができなくなれば、そこに踏みとどまる理由もなくなる。

実際に韓国で仕事をしてきて、その徹底ぶりには驚いた。研究テーマが存続できなくなると、他の企業や業界、大学などに積極的に行き場を見つける。したがって、会社側もそういう人材に対し慰留工作に時間をほとんど割かない。

ある意味、人材流出や技術流出は起こり得るという前提で業務を進めている。逆に、同業他社からの流入も必然的にあるわけで、その分、人材の流動は日常的な現象だ。

先に日本企業の事業撤退や売却、あるいは研究開発の中断について述べたが、その動きは韓国企業のほうがより激しい。そんなことは常に起こり得ると、社員も納得しながら業務に従事している。したがって、突然そのような事態が起きても慌てず、しかし一所懸命次の舞台を探すことに奔走する。

実は他の国でも状況は同じで、それが本来のグローバルスタンダードのように映る。日本社会が特別な文化を持っているということになるが、今後の人材流動、特に技術者のあり方については会社側が様々な策を考えるよりも、技術者自らがグローバル化にふさわしい考え方や行動様式を築く必要があると思う。

希望を失った組織から人材は消えていく

産業界が強ければ、むやみに海外へ渡る人材は多くないはずだ。それでは、自動車業界はどうだろうか。

国内の自動車業界は10社以上も国内にありながら、それぞれの個性でビジネスを伸ばしている。昨今の円安基調（2004年ごろに比べたら1ドル当たりでまだ10円以上も高いが）も相まってはいるものの、環境規制や燃費規制などを目標に、車両の電動化技術は日本が世界のトップを走っている。そんな日本の自動車業界では人材の流出どころか、アジアの人材を取り込み、むしろ採用を拡大しているところがあるほどだ。

一方の電池業界は、自動車業界と同様に企業プレーヤーが多い。ただ、収益性が高く、競争力を持っていた時点ではよかったが、今のような厳しい状況になってしまうと人材流出は避けられない。人員削減がそれを助長する。

それを食い止めるには電池産業を再度競争力のある形に転換することである。そのためには数多い電池メーカーを統合することも選択肢の一つだ。そして、ビジネスモデルを整理し、海外勢に勝てるための戦略を作り直す必要がある。そこに新たな人材を確保する形で技術者の国内留保に努めれば、人材は集まってくるはずだ。

これまで日本の重要な産業として成長してきた電池業界だが、グローバル競争力に陰りが見え始めた。その陰りは、取りも直さず技術者のモチベーションを下げ、不安をかき立て、気力を削いでしまう。

日本が電池産業を国を挙げた重要な中核産業と位置づけているのであれば、産学官が一体となった力強い取り組みが必要だ。そして、どの部分が強みで、どの部分が弱みなのかを客観的に分析し、経営に反映する必要がある。

経営ビジョンが見えず、将来の希望も見えず、競争力を失った組織からはおのずと人材は消えていく。逆に、魅力のある組織にはおのずと人材は集まる。電池産業も、人材が集まり競争力を醸し出すような組織体制づくりが急がれているのではないか。

最後に、移籍した技術者による技術流出について考えてみよう。

2014年3月、技術関連分野では重大なニュースが2つあった。一つは理化学研究所が発表した「STAP細胞」に関する論文の疑惑。もう一つは、東芝と提携している米半導体大手、サンディスクの元技術者が、転職先の韓国半導体メーカー、ハイニックス（現SKハイニックス）にNAND型フラッシュメモリーに関する最先端技術の研究データを渡し、不正競争防止法違反の疑いで逮捕されたことである。

いずれも「不正行為」が共通のキーワードだが、韓国企業に勤務経験のある筆者がより関心を持ったのは後者だ。半導体の最先端技術に関する情報は産業競争力を大きく揺るがすもので、その影響力は甚大である。結局、東芝とサンディスクはそれぞれSKハイニックスに対し損害賠償を求める訴訟に踏み切った。

これまでも技術流出に関する事件は報道されてきた。記憶に新しいところでは2012年4月の事件がある。韓国の大手鉄鋼メーカー、ポスコが新日鉄住金の元社員から鋼材に関する先端技術を入手し、新日鉄住金がポスコを相手取り1000億円の損害賠償を起こした一件だ。

今の時代、日本企業から韓国や台湾、中国企業に移籍する技術者や欧米企業に移籍する技術者は少なくない。海外に限らず、国内でも同業他社への移籍は日常茶飯事だ。筆者にも自動車大手間や電機大手間で移籍している技術者の友人や知人がいる。

この競合他社への移籍こそ最も問題が生じやすい。逆に異業種への移籍であれば、ほとんど問題は起こらない。業界が違えばビジネスモデルは同一にならないからだ。しかも、技術者が持つ技術そのものではなく、これまでの技術開発のキャリアやポテンシャルを評価されてのケースが大半だ。

筆者がホンダから韓国サムスンSDIに、誰に隠すことなく移籍できたのも、このような背景からだ。もちろん、サムスンにも世界各国の同業他社から移籍する人材は多い。中には、日本人名を伏せて韓国人名を使用して業務に当たっている場合もある。

では、同業他社に移籍した際に技術流出は防げるのか。基本中の基本は、特許で徹底的に抑えることだ。つまり、開発企業に権利が帰属されている状態を作っておくことに尽きる。そして、侵害が認められれば徹底的に摘発すること。特許侵害でなくても明らかに技術を不正に持ち出した行為がある場合には、今回のように相手企業と当事者を素早く訴えることが重要だ。

ただし、これだけで技術流出が防げるかどうかは難しい部分も多い。韓国では損害賠償請求が認められるケースが少なく、賠償金額も日欧米などに比べたら少ないとされる。さらに中国では特許もなんのその、堂々と無断使用するのだから特許でガードするとしても限界がある。不正行為をその都度摘発し、訴え続けるしかないだろう。

知財の価値を過小評価している日本企業

2012年の出来事だが、韓国でも衝撃的なニュースが報道された。サムスンディスプレイとLG電子（現LGエレクトロニクス）の両社が世界戦略の中心に据える最先端の有機ELテレビ技術が、イスラエル企業を通じて海外に流出したという事件である。韓国では「国家的損失」と大騒ぎになった。「産業界の国宝級技術」（韓国司法当局幹部）と形容されるだけに被害は甚大だ。

韓国検察によると、流出事件はサムスンとLGのパネル工場に、検査機器の点検を装って出入りしていたイスラエルの検査機器供給会社の韓国支社に勤務する韓国人社員らが、設計回路図を撮影する手口だったとのこと。カード型USBメモリーなどに保存したデータを、財布やベルト、靴などに隠して持ち出したという。

特許を公開するとノウハウまで開示することになるため、特許そのものを出願しない場合もある。この場合は特に微妙だ。ノウハウは技術者自身について回るものであり、その技術者が同業他社へ移籍した場合には、ノウハウはその人物に付いて移動してしまう。仮にノウハウを競合他社で活用したとしても、その技術ノウハウを見いだした人物が当事者ならば、本人の権利もあるわけだから、不正行為に当たらないという解釈は十分にあり得る。

企業がノウハウとして知財を確保する場合には、そのようなリスクがあることを前提にした配慮が求められる。重要なノウハウを見いだした技術者については特許と同様に対価の補償を勘案し、人材が外部に流出しないような引き留め策も必要だろう。

企業側が技術流出を未然に防ごうとするなら、同業他社への移籍を認めない、あるいは同業他社への移籍を2年以内は認めない、流出が発覚したら違約金が発生するような誓約書を交わす、などということも一つの手だ。

もっとも、自己都合による退職であればこうした対策も可能だろうが、企業側の構造改革による人員削減のような場合にはそこまでは難しいだろう。ならば、その企業が競合しない他の企業を紹介するなど、社員のその後の就職先まで面倒を見る必要があるのかもしれない。

筆者自身、ホンダからサムスンへ移籍する際、そしてサムスンを退社する際のそれぞれで秘密保持の誓約書を交わしている。こうしたことは大企業のほとんどで実施しているはずだが、その縛りの度合いは企業間で大きく異なるのが実情だ。

前述のフラッシュメモリーに関する事件の当事者は、東芝ともサンディスクとも「業務上知り得た情報を外部に漏らさない」という秘密保持誓約書を交わしていたという。したがって、本人としては犯罪だと認識していながらの不正行為だったわけだ。

しかし一方では、開発現場にUSBメモリーを持ち込むことが制限されていなかったとされる。持ち込み制限の縛りがあれば未然に防げた可能性もある。筆者が勤務していたサムスンSDIでは、役員といえどもUSBメモリーの持ち込み・持ち出しには厳格な制限がある。現在、在籍しているエスペックも、申請登録されたUSBメモリーでない限り、持ち込んでも使用できない措置を講じている。東芝の情報管理に甘さがあったことは否めない。

あからさまな不正行為については、米国で施行されているような厳罰を課す必要がある。米国でも同業他社間での移籍は日常茶飯事だ。筆者がホンダに在籍していた1990年ごろ、ホンダ米国法人にいた有能な米国人幹部がBMWの米国法人にスカウトされた直後、急に会社から姿を消したことがあった。

このような事例は取り上げればきりがない。その割に大きな問題が生じていないのはペナルティーの厳しさだけではなく、移籍する当事者がモラルを伴っているからだろう。

ここでまとめとして、技術流出を東芝事件のような不正流出と一般的に起こり得る技術流出を区分けして議論できるように、それぞれを図1と図2に表現してみる。すなわち、両者の間で知財確保や機密管理システムは共通であるが、大きく違うところが右下のサークル内のキーワードである。

特に、不正流出防止のための具体的な施策には、入室制限の徹底、アクセス権やダウンロードの制限、カメラ付き携帯やスマートフォンの持ち込み制限、出勤・退勤時の所持品の厳密なチェック、ノートパソコンやUSBメモリーの登録システム、不正流出のケーススタディと罰則教育、不正流出や侵害発覚時の相手側への徹底的な提訴などがある。ここまで徹底していれば東芝の不正流出事件は未然に防げたはずだ。この事件をきっかけに企業の危機管理システムが一段と進化するものと考える。

図1　不正流出の防止

不正流出者の特徴

▶ 本人の技術開発能力は必ずしも高くない

リスク

▶ 機密管理体制や罰則が曖昧だと起こり得る

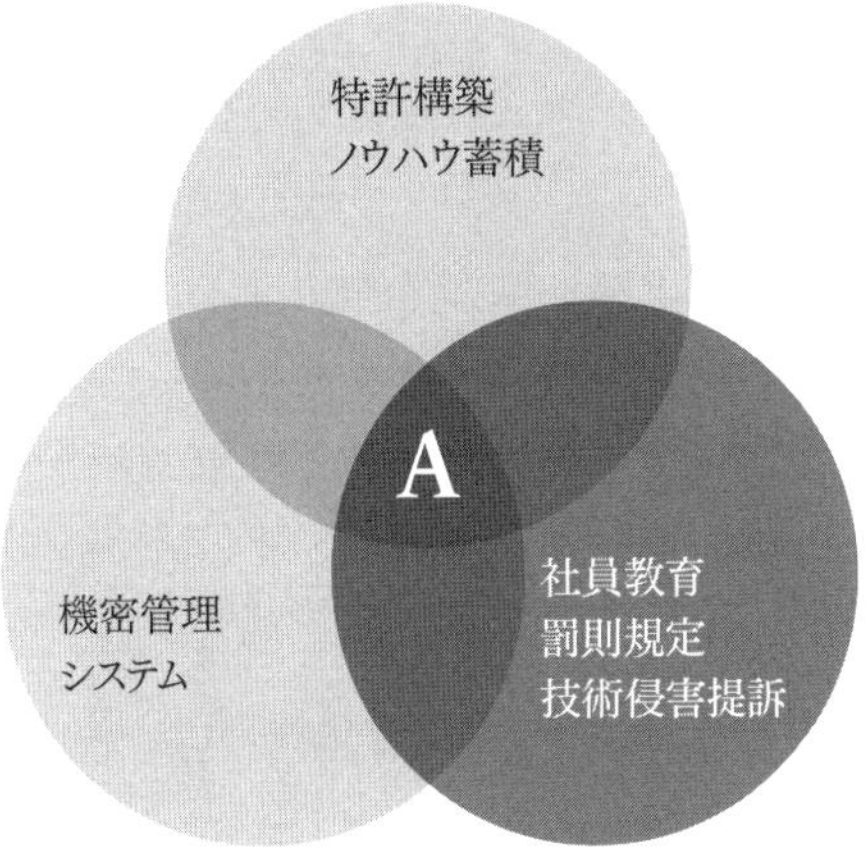

Aゾーンでのリスク管理

図2　技術流出・人材流出の歯止め

人材流出の対象

▶ 特許やノウハウを持つ技術開発能力の高い人物

リスク

▶ 事業撤退、研究開発中断時に他企業へ移籍

▶ 事業戦略、技術戦略が不透明なことによるモチベーション低下で移籍

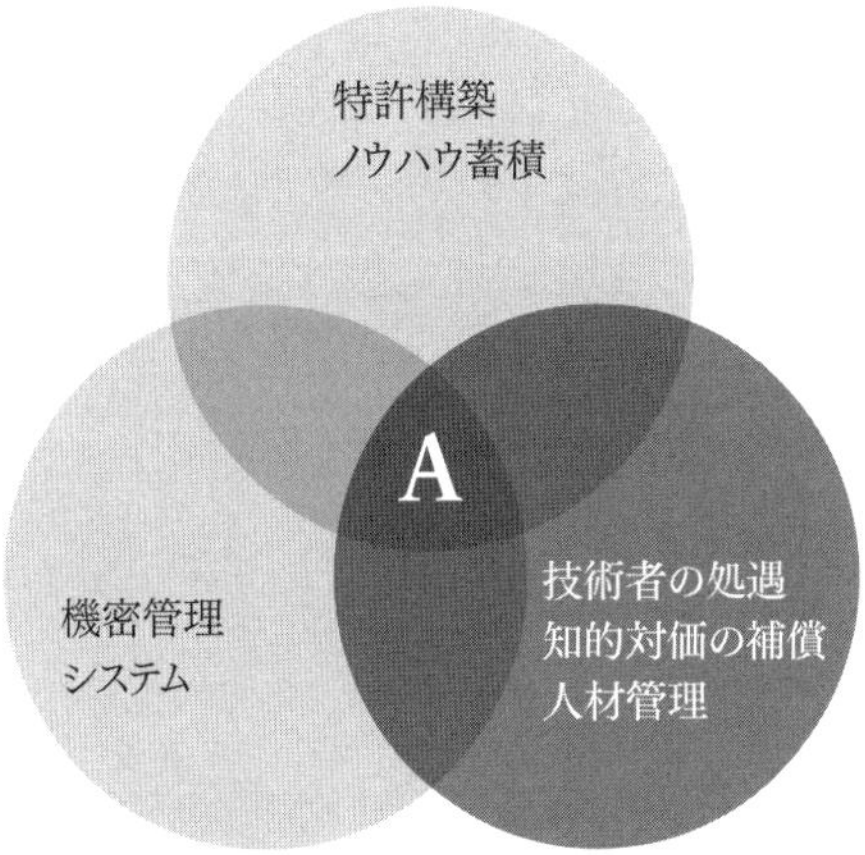

Aゾーンでのリスク管理

「モノづくり大国日本」と表現されて「つくり」を重要視している割には、知財に関する価値を過小評価している部分、その知財をかざして訴訟を起こすのをためらう部分など、日本の弱さや消極さがこのような事件を発生させる温床になっていると感じている。

今回のような不正行為事件は今後も十分に起こり得るものと考えるべきだ。そのような事態を想定して、日本として制度を整備し、個々の企業がそれぞれ有効な防御策を講じておくことが不可欠である。

COLUMN.2

サムスン移籍の理想と現実

過去の蓄積で勝負できる期間は1〜2年にすぎない

日本の技術者が韓国や中国へ移籍すると応援メッセージどころか、「日本を捨てた」「裏切り者」「技術・人材流出」など、数多くの批判が上がる。日本では終身雇用の概念が根づいてきたことによる強烈な文化があり、弊害として人材が流動しない傾向が強い。世界的に見ても、このような国は日本以外には見当たらない。

国内企業では、業績や競争力が低下して事業撤退や事業縮小の波が押し寄せると、決まってリストラの嵐が吹き荒れる。とはいえ、企業が最後まで面倒を見て就職先を斡旋してくれることはなく、リストラ対象者が自らのルートと実力で次の行き先を探さなければならない。

日本国内でも、スカウトや人材紹介会社を通した移籍システムが少しずつ増えてきたものの、移籍によって待遇面の条件が上がるケースは少ない。多くは据え置かれるか、逆に悪くなってしまう。だからこそ海外へ飛び出すケースが多くなるわけで、国内に受け皿があるならば海外へ脱出する人材は少なくなるはずだ。

筆者自身、ホンダの研究開発戦略と筆者の考え方が完全に食い違ったため、2004年にサムスングループのサムスンSDIに移籍した。実際に、日本企業出身の技術者は多かったと思う。

ただ、サムスングループへ移籍する日本人技術者にもいろいろなタイプがいる。業種も様々で、悩み考え抜いて移籍する者、逆にあまり熟考せずに移籍する者、韓国企業文化を積極的に理解して溶け込もうとする者、逆に日本企業の文化を押し付けようとする者など、その性格も異なる。結果として在籍期間もバラバラで、1年以内に退社する者も少なくない。日本企業からサムスンに移籍した人間が、その経緯を語ることはほとんどない。ここでは、その一端を紹介したい。

「オファーは韓国のサムスンSDIからです」

きっかけは、転職を考えて大学教授に応募したものの、最終選考で落ちて悶々としていた矢先の2004年1月中旬、筆者の勤めていた研究所のオフィスにかかってきた外線電話だった。聞いたことがない社名だったので「所得税対策のための不動産斡旋でしょう」と質問を投げかけると、「違います。正式なヘッドハンティングの会社です。ぜひ佐藤さまに紹介したい案件があるので会えませんか」との返答だった。

今後どのように仕事をしていくかを悩んでいたため、1月末に話だけは聞いてみようと思い、ヘッドハンティング会社の社長と面会することにした。社長は会うなり、「オファーは日本ではなく韓国のサムスンSDIからです」とひと言。筆者もすかさず、「そうですか。ならば動かないですよ。既に10年近くホンダで単身赴任しており、韓国に行くことになれば生活の基盤が不安定になってしまう」とまずは返答した。

だが、この社長も粘り強い。「佐藤さん、いつでも断れます。だから話だけでも聞いてみるのはどうでしょう」と何度も説得を受けた。妙に納得させられてしまい面会する運びへとなった。

なぜ、筆者はサムスンからオファーを受けたのか。その理由を直接聞いたことはない。あくまでも想像だが、論文や学会発表、特許出願、著書など、筆者が対外的に発信していた情報が発端となったのだろう。振り返ると、2002年2月に米国・ラスベガスで開催された車載用電池に関する国際会議で講演した際に、サムスンSDIの役員から声をかけられ、名刺交換したことがあった。

腐食制御技術の開発や車載用電池の研究開発といったホンダでの業務の中で、2001年に第1回が開催された車載用電池の国際会議「AABC（Advanced Automotive Battery Conference）」で招待講演に臨んだほか、2002年の同会議では「先進電池セッション」のチェアマンも任された。

このような活動から筆者の存在を探すのは難しくない。2013年の3月、ホンダ時代の後輩と会食した際に言われたことだが、ホンダから発信されている論文や著書の数はいまだに筆者がトップだという。

話を元に戻そう。実際、サムスンSDIの次長と面会してみると、「2000年に開始したリチウムイオン電池事業の規模を拡大したい。車載用リチウムイオン電池の研究開発をスタートし事業化につなげたい。太陽電池や燃料電池でも同様だ。これらの開発強化に向け、ぜひサムスンに来てほしい」という考えだった。

車載用リチウムイオン電池に積極的な姿はホンダとは正反対だ。しかも、戦略そのものが筆者の考えに近かった。とはいえ、韓国行きのリスクは多く、移籍を即答したわけではなかった。具体的に言えば、「サムスンの業務は厳しいため、日本人技術者は1〜2年で解雇されることが多い」「日本人技術者が思い描く研究開発はできない」という噂を耳にしていた。そのため、急がずじっくり検討することにした。

噂は本当か、どこまで正しいか、他人の意見よりも直接自分の視点で見究める必要がある。何度か面会していく中で、疑問に思ったことは遠慮なく尋ねた。これを繰り返す中で正しくない噂が見えてくる。

真剣に移籍を考えてもいいかなと思えるようになったのは、話を受けて1カ月が過ぎたあたりから。そうした中で、人事部門から「ホンダでのキャリアと実績を提出してほしい」と要請された。

サムスンSDIに提出した業績書類は、ホンダでの実務経験と成果、受賞歴、対外発信実績や特許など400件ほどに達した。書類評価の結果、サムスンSDIからは当初予定の統括部長ではなく常務という立場でのスカウトに変更されていった。当時、サムスングループの役員は「常務補」からスタートするので、さらに1階級飛び越えた格好だ。

2004年3月上旬には人事担当の常務が、筆者に会うためだけに来日してくれるなど、サムスン側の熱意は衰えることがなかった。

ただ、直接自分の目で確認しなければ本当のところは分からない。ちょうど「韓国のサムスンSDIを一度、見にきてほしい。中央研究所内をすべて案内する」というお誘いがあったので、3月中旬に韓国のギフンにある中央研究所を見学した。その場では、筆者が二次電池や燃料電池について1時間半講演ほど講演した。研究所長の常務も出席していたが、聴講者の多くは筆者が赴任すると部下になるであろう若手技術者だった。講演が終わると矢継ぎ早に多くの質問を受けた。日本ではあまり見られない光景で、サムスンの活気を実感した。

3月末には、サムスンSDIの社長自らが東京に訪ねてくれた。2時間ほど説得された中で印象的だったのは、「事業を拡大したいので手伝ってほしい。佐藤さんの思うように統括して構わない。ホンダでの実績は十分考慮する」という経営トップ自らの言葉だ。詳しく聞くと上司は、社長と研究所長（常務）の2人のみというシンプルなところにも惹かれた。

ホンダに入社した1978年、いつかは役員室に席を構えたいと考えていたが、その夢はかなわなかった。だが、場所が違えば評価が変わるのも事実。役員になる希望はホンダではなくサムスンで実現されることになったが、自己実現に向けたステップという判断であった。サムスンに移ることで新たに得るものを優先し、4月中旬に移籍を決断した。

ホンダでつまずいて気分が滅入り、悶々としていた時のサムスンからのオファーは救世主のようなもので、サムスンを出た現在でも「あの時はサムスンに救われた」と感謝している。

サムスンの経験はキャリアアップにつながる

実際にホンダを退社したのは7月末だった。業務整理を進める一方で、鈴鹿製作所時代にひときわお世話になった吉野浩行相談役（元社長）に説明するため、青山本社へ出向き挨拶させていただいた。

移籍に至るまでの一部始終を説明し、「このままホンダに残ったら、精神的に追い込まれてしまい出社拒否になるかもしれません。自分がダメになってしまいそうな気がします。一方で、サムスンから役員として業務に携わってほしいとの誘いを受け、移籍を決めました。考え方は私の抱いていたエネルギー戦略にかなり近いものがあり、考え抜いた結果です」と切り出した。

ほかにもホンダでの業務に関して補足説明した後に、吉野相談役からは「そうか。そこまで悩んだ揚げ句に出した結論ならば理解する。大変なこともあるだろうけど頑張れよ」と握手をしていただいた。競合企業への移籍ではないので、正々堂々と移籍理由を他の関係者にも説明した。

ホンダを去る最終日。ホンダ入社からこれまで携わった業務と成果、その都度何を考えてきたか、サムスンに移る理由、今後の抱負などを同僚や部下に語った。最後に、「群れをなして行動する羊よりも孤独であっても一匹で行動できる狼でありたい」と自らを鼓舞しながら。

移籍直前となる8月は準備期間として自宅にて最終の身辺整理をして、500人以上の友人知人にメールで連絡した。「頑張って」という激励が多かったが、辛らつな意見もまた多かった。その内容は大きく3つだった。
「サムスンは厳しいから、韓国に渡っても1年後には日本に帰されると思う」(知人の元名古屋大学教授)、「赴任したら、これまで経験してきた知見は小出しにして時間を稼いだほうがいい。一気に出し尽くしたら居場所がなくなってしまう」(リチウムイオン電池の権威や部材メーカーの方々)、「日本を離れてサムスンへ移籍してもキャリアアップにならないし、その後戻ってきても日本での仕事はない」(大学時代の友人)というものだ。

こうした意見を耳にした読者の方もいるだろう。実際に移籍した筆者の経験と照らし合わせると、事実とは異なるということに尽きる。

まず、「1年後に日本に帰される」という声についてだが、帰される日本人はいない。確かに1年後に帰ってくる日本人は存在するが、あくまでも本人の力不足が原因だ。筆者自身、会社の問題ではなく自己責任の範疇だと腹をくくっていた。サムスンに8年4カ月という期間在籍したのは、何よりの証拠だろう。

続いて「知見の小出し」については同感せずに、自分なりの考えで行動した。自らが蓄積した知見だけで勝負できる期間はせいぜい1〜2年、いやそれ以下だと思ったからだ。重要なことは、それまでに得た知見をベースに新たなアイデアを提案し、実行に移せるか。筆者はサムスンの業務にて、"Something New" をもじって "Samsung New" と常に主張していた。

最後の「サムスンでの経験はキャリアアップにつながらない」はどうか。韓国内でサムスンのキャリアは高く評価されている。日本でもサムスンとビジネスをしていて実態を知っている企業側からの評価は高い。それは、躍進するサムスンで業務を続けたことへの評価である。例えば、サムスンSDIのリチウムイオン電池の世界シェアは、入社後の2004年以降から顕著に拡大した。筆者も、そこに貢献した部分は少なくない。

ましてや役員として在籍しているから、そのあたりは部課長で在籍している者とも異なる。厳しい役員のミッションを背負っているからだ。サムスン在籍中にも、ある日本の部材メーカーの社長から、「サムスンを出たら、わが社に役員で来てもらえませんか。いつでも待っていますから」とスカウトを受けたことがあった。

さらに2011年の夏には、ある国立大学から正式な教授就任のお誘いを受けた。「でも、多くの書類提出や面接を受けないといけませんよね」と尋ねると、「佐藤さんのことは学内でも知っている人が多いので、『イエス』と返事をしてくれれば総長がサインすることになっている。書類は後でもいい」と言われたこともある。

この時はどうしようか考えたものの、サムスンで仕掛けていた大きな業務が複数あり、移籍すると中途半端になること、そして東京との二重生活になることなどを勘案して丁重にお断りした。このようにキャリアを評価、尊重していただいたところに、ありがたさを感じた次第だ。

現在、信頼性評価試験装置などを手がけるエスペックの上席顧問を務めている。2012年3月に招待された大阪商工会議所主催の講演がきっかけだ。社長や役員が定例的に参加する朝食懇談会の席上、講演終了後に多くの方々と名刺交換をする中にエスペックの社長が同席していた。以降、何度かお会いしているうちにお誘いがあった。ホンダ入社以来、腐食制御の材料やプロセスの際にエスペックの評価試験装置を直接使っていたので、同社のビジネスは理解していた。そのお誘いを受けることにし、現在に至っている。

サムスンを出たほかの日本人技術者も、日本の電池関連企業へ再就職するなど、日本に戻って重要な立場で仕事に携わっている者が多い。しかしながら、日本人の偏見も相変わらず根強い部分もある。2013年に都内で開催された、あるシンポジウムで偶然再会した知人もまさにそう。80歳を超えた方だが、話の流れの中で、「サムスンは泥棒。あんな酷い会社はない」と発言した。筆者が「そうではないですよ」と説明しても聞く耳を持たない。

しかも、「中国はしっかりしている」と言う始末。さすがに筆者もいささか呆れながら、「中国は特許の考えすら根づかない無法地帯であり、韓国に比べてかなり深刻な問題だ」と声を荒げてしまった。それで議論は終わりとなったが、これもほんの一例にすぎない。

お膳立てされた素晴らしい舞台などない

サムスン関連の記事は多くのメディアで取り上げられているが、外部と内部で知る内容の乖離は大きい。もちろん、ホンダなどの日本企業でもそうだが、その乖離の程度はかなり違う。外部からの視点で批判的な記事が公開されれば、あたかも真実であるかのように広まり、時には誇張されることすらある。

もちろん、サムスンが日本国内のメディアに対して積極的に発信していないことが一因だろう。個人的には、むしろメディアを上手に活用して、正しい主張を展開すべきだと思う。そのことはマーケティング活動の一環であるはずなのだが、頑なに拒んでいるようだ。

現在のサムスンは押しも押されもせぬグローバル企業だ。2000年以前は日本企業の技術を追従するために日本人顧問も多くいたようだが、現在はがらりと変わった。スマートフォンや有機ELディスプレー、民生用リチウムイオン電池を筆頭に、世界トップシェアの製品やデバイスを数多く手がけており、追う立場から追いかけられる立場に変わってきた。

この結果、日本人技術者の採用にも変化が出てきている。最近では紹介した日本人技術者でも不採用になることが多い。筆者自身、知人の日本人技術者本人から依頼されて人事へ数人紹介したが、結果的に不採用になっている。

サムスンの業務経歴は世界的に高く評価されている。サムスン入社後の厳しい競争で自らのキャリアが形成されない人間は、よほど仕事をしていないか空回りしているのだろう。こうした技術者が1~2年で日本に戻ることになるのだ。

このような人間には共通して言えることがある。前の会社で居心地が良くない時にオファーを受け、隣の芝生が青く輝いて見えて移籍を決断しているため、成果を出そうという意欲が不足しているのだ。考え方と行動が安易であり、移籍後に想像と違うと会社に対して批判的な発言が多くなる。

そういう人間は、サムスンという新天地での業務を進める中で、「前の会社ではこうだった。この会社はおかしい」と自らの主張を押し付けようとする。こうした不満が積み重なって、「こんなはずではなかった」と決まり文句のように発する。つまり、移籍を考える際の「こんなはず」の舞台を素晴らしいものだと想像しすぎなのである。

最初からお膳立てされた素晴らしい舞台などはない。だからこそ、新たな舞台を一緒に作ろうとオファーが来るわけで、短期間で終わってしまえば双方が不幸になる。筆者自身、考えたり行動したりする場合には、「最悪のシナリオを想定しつつ、しかし最大の努力をすること」を信条とし臨んできた。それは今後も変わることはない。

あとがきに代えて

日本と韓国での生活、日本企業と韓国企業での仕事を通じて、日本、そして日本企業を客観的に眺める機会を得た。その過程では数多くの教訓があり、いわゆるジャーナリスティックな見方ではなく、企業の現場に直接身を置いた数々の経験から分析できたことが大きな価値となっている。

日本の産業界と言っても裾野は広く、ひと口では表現できない。日本には多くの企業が存在しているが、自動車業界のように、それぞれの企業が個性を発揮し、戦略を構築してグローバル市場で好業績を挙げているような業界もある。

昨今の円安基調が業績に大きく寄与していることは相違ないが、それも1ドル80円程度をつけた1993年の超円高を経験し、それに対抗するために経営戦略や市場展開、徹底した経費節減による体質改革を実行した経験が生きている。

そのころの日本市場と言えば、バブル経済が終わりを告げる中ではあったが、依然として消費者の購買意欲も旺盛で、製造業における商品開発、生産、マーケティング活動、販売という一連のサイクルが日本国内でほぼ完結していた。

同じころ、サムスングループやLGグループ、現代グループもビジネスを拡大していたが、現在ほどの存在感は全くと言っていいほどなかった。

自動車業界では欧米勢が羽振りを利かせており、韓国メーカーの姿ははるか遠くに霞んでいた。日本勢も欧米勢の後塵を拝していたが、いち早く環境自動車戦略へ転換、それが現在に続く競争力の源泉になった。

家電業界では日本勢が圧倒的に強く、ソニー、シャープ、パナソニック、東芝、日立製作所などが個性的な商品群で世界をリードしていた。韓国製品は安かろう、悪かろうの代名詞でくくられ、各段に安くないと売れない状況だったので、韓国企業にとって日本のハイテク技術とハイテク商品は光り輝くものだった。

それが2000年を超えるころから雲行きが怪しくなる。サムスンやLGの名前を日本でも聞くようになり、にわかに存在感の足音が響き始めた。しかし、今のようにグローバル市場をリードし、あるいは席巻し存在感を示すことを誰が予測できたであろうか。

筆者自身もホンダに在籍していた当時、現代自動車がここまで世界戦略を展開できるとは考えていなかった。2~3年前に、ホンダの元同僚や部下と、また別の日にトヨタの知人と懇談した際に、両者が口にした言葉に耳を疑った。それぞれが、「ホンダのアコードは現代のソナタに商品の魅力で負けている」「トヨタのカムリはソナタに負けている」と口裏を合わせたように話したからである。

韓国企業がここ10年ほどで躍進を遂げた理由は様々ある。価格が安いからという見方で片づける日本人も少なからずいるが、それは間違いだ。確かに価格競争力はあるだろうが、韓国企業は着実にグローバル競争力を磨いてきた。

もともと韓国市場は人口が日本の半分以下なので、国内市場だけでは発展要素が全くなく、したがって先を見据えたグローバル市場を展望せざるを得なかった。２００７年の韓国ウォン高もそうだ。当時は現在より円に対しても、ドルに対しても30％ほど高く、輸出主体のサムスンやＬＧにとって強い逆風だった。その中で競争力を身に付けてきたのだ。

魅力のある商品とは、技術、デザイン、製品保証、アフターサービス、価格、ブランド力といった要素が総合的に高い商品のことだ。日本の製品は、ややもすると先端技術、高機能を売りにして市場へ訴えるきらいがあるが、顧客の選択は総合的な視点から判断される。

電機業界にしろ、自動車業界にしろ、技術に関して日本は最先端を走るが、韓国勢もここ数年、技術開発力を強化してきた。半導体、有機ＥＬ、液晶、リチウムイオン電池、情報通信機器の分野では日本を凌駕する技術も現れている。

デザインもそうだ。もちろん、日本製品のデザインも訴求力はあるが、それ以上にサムスンはデザインを重視する考えが強く、マーケティングを通じて、国や地域で好まれるであろうデザイン戦略を展開している。

事実、ソウル、東京、上海、サンフランシスコ、ロサンゼルス、ロンドン、ミラノにデザインセンターを置き、そこから製品開発へフィードバック、いやむしろフィードフォワードしていく。国や地域が異なれば、好まれる機能やデザインは異なる。だからこそ、これだけの拠点を置いているわけだ。

製品保証も日本に負けない長期保証などを出すようになり、あるいは現代自動車が米国で展開したローン負債の免除システムなど、日本の企業には想像できないビジネスモデルを編み出してもいる。購入者の所属する企業が破綻した場合、残存ローンの返済を免除するシステムを世界に先駆けて導入したのだ。

同様に、アフターサービスで驚くのは、サムスンのサービスセンターの徹底ぶりだ。携帯電話やスマートフォン、デジタルカメラやパソコン、テレビに至るまで、サービス対応が迅速だ。それは取りも直さず、韓国人と韓国気質のせっかちで早くないとダメという文化に根差している。

製品故障に関しては、その場で分解、調査し、部品交換で済むものはすぐその場で対応する。筆者もブランド力のある日本の某メーカーのノートＰＣやデスクトップを好み、これまで長年使ってきたが、故障すると入院手続きから始まり、手元に戻る退院までの期間は1週間から10日もかかる。韓国ではそんな長い期間待ってはくれない。

価格戦略も国や地域において戦略的に展開している。日本製品が幅を利かせている市場では、コストパフォーマンスを最大限意識する一方、韓国内のように同業他社がいないか限られている市場では、強気の戦略に出ることもある。

ブランド力を年々高めているサムスン。それは一朝一夕に築かれたものではない。製品を通じて、あるいは世界各国の美術館や音楽に対するスポンサーシップ、はてはオリンピックの支援など、積極的に取り組んでいるあらゆる活動が基盤になっている。

反面、儒教国家、儒教精神にあふれる韓国企業が織りなす負の部分も多々見てきた。「都合の悪い報告はしない」「まずは言い訳、自分の責任ではない」「上意下達で部下が上司に物申すことが困難」「組織や部下の成長より、まずは自身の昇進が優先」などなど、枚挙にいとまがないことは本書でも記述した通りだ。

韓国の弱みの部分に関しては、日本の強みである部分も多い。日本の産業界の強みは次ページの図3のように表現できる。日本の強みは強みとして持続的に増強していけばいいが、これだけで市場をリードできることはない。十分条件を構築し実践する必要がある。

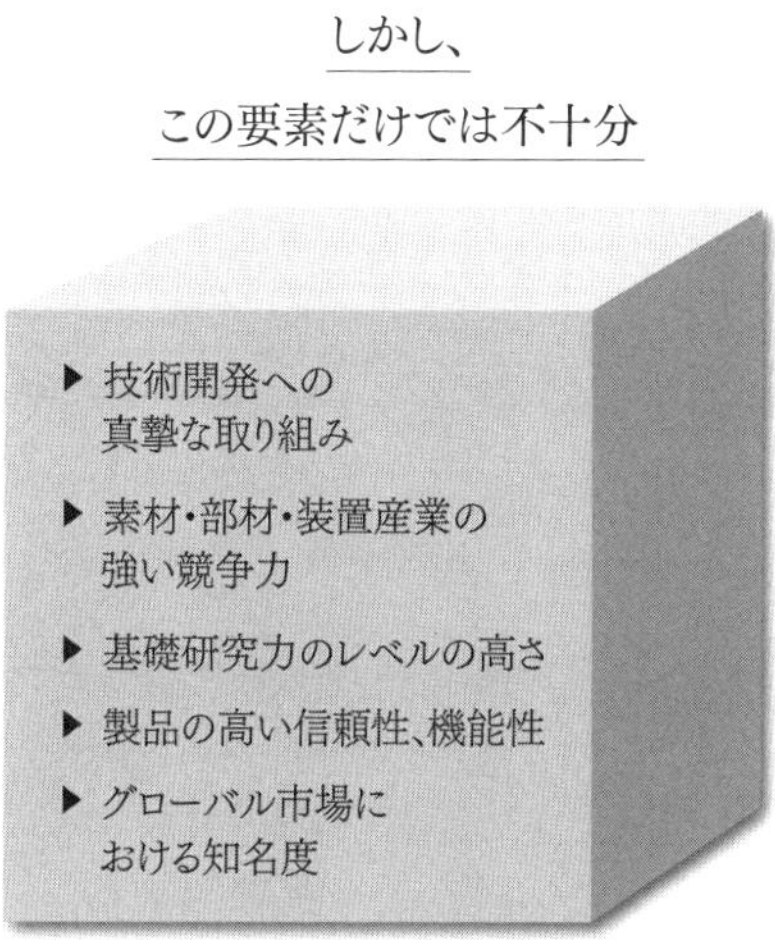
しかし、
この要素だけでは不十分
▶ 技術開発への真摯な取り組み
▶ 素材・部材・装置産業の強い競争力
▶ 基礎研究力のレベルの高さ
▶ 製品の高い信頼性、機能性
▶ グローバル市場における知名度

図3　日本の産業界の根本的強み

サムスンの企業文化や企業戦略と照らし合わせて考えると、まだ改革の余地は多々あるはずだ。ここでは企業側への提言と、そこに従事する技術者への提言とに分けて論じたい。

まず、企業側への提言である。業界競争力が低迷している分野に共通している課題は、経営責任が曖昧で事業改革のスピード感が不足していることである。事業展開がままならない状況に陥った際には、聖域のない構造改革と人事政策、経営責任の明確化などでスピード感のある対応が必要になる。

そのような状況になる前に、まずはビジネスモデルの構築と客観的かつ徹底的な分析と展望が不可欠だ。当初は妥当だったビジネスモデルも、時間とともに競合他社が台頭したり、為替が変動したり、外的要素で変化する。その時々の妥当性と、その延長にある可能性を見極める洞察力と経営感覚、そして判断力と行動力が必要になる。

こうした改善要素を取りまとめると、特に日本の製造業に関しては以下の8点に集約されると考える。

（1）**経営責任の明確化**：曖昧な企業経営からの脱却。経営責任に関する甘さが否めない。

（2）**スピード感ある経営判断**：ビジネスチャンスの喪失を防ぐこと。勝機を得るための客観的洞察力を磨くこと。時間とともに情勢が変われば、その変化に応じた柔軟な戦略を再構築しなければならない。変化に即応できる体制が生き残りにつながる。

（3）**マーケティング力の強化と市場開拓力**：顧客ニーズへの対応。唯我独尊にならないよう顧客視線でビジネスモデルを構築すべきだ。

（4）**技術経営力の強化**：技術戦略と技術経営機能の充実。本当に必要なこと、重要なテーマを選択しようとしているか、あるいは推進できているか。日本企業はこの点の検証が甘い。

（5）**コスト低減のためのR&D強化**：先端技術開発のみならず、コスト低減のための技術開発にも傾注しているか。

（6）**知財戦略の強化**：防衛型から攻撃型への転換。知財報酬のあるべき姿も追求すべきだ。
（7）**事業部門単位の実績に応じた成果報酬の差別化**：資源配分を同等にするのではなく、貢献度に応じて部門間で傾斜配分しているか。それが真の公平性ではないか。
（8）**技術者の処遇とモチベーション向上**：人材確保と社内留保、そのための企業の魅力を積極的に発信していくことが不可欠。

一方で、特に企業内技術者としての立ち位置を考えることも重要だ。企業内技術者が葛藤するのは、自身の考え方と、企業のビジネスモデルや技術戦略にズレが生じた時だ。そのリスクが常にあることを前提に、以下の5つを常に意識しておくことは意義があるだろう。

（1）**ビジネスモデルと技術戦略は自ら描く**：企業内研究や技術開発は製品化や技術の実用化がゴール。その際には競争力と独自性が武器となる。
（2）**信念を持った技術開発**：出口はあるのかないのか、その洞察力。他人の判断に委ねることも時には必要だが、まずは自身の哲学と考えを信念として持つこと。他者を説得する力を育成することも重要だ。
（3）**自己実現と会社への貢献**：自己の成長と成果を企業業績へ還流すること。知財面での貢献も必要である。

（4）**所属企業で限界を感じた時の行動**：とどまることがすべてとは思わず、他の企業や組織に移籍してでもできないか考え、行動に移す。そのためにはほかでも闘える武器を持つこと。

（5）**論理を大切にする、あるいは組み立てる**：論理に裏づけされない技術は、やがて化けの皮が剝がれる。技術は嘘をつかない。

「企業は人なり」という言葉がもてはやされた。それは紛れもない真実である。しかし、それを真の意味で実践している企業はどれほどあるだろうか。有名無実の現実も少なくないはずだ。企業人も、「会社が何かをしてくれる」という期待感を持たないほうがいい。これからの時代は、個々人が「自身の成長と会社の発展のために何ができ、何の貢献ができるか」を考える時代だ。それが実践できれば、所属企業が変わろうとも、あるいは起業してでも生き抜くことはできる。

「そこにいて仕事をしたい」と思えるような企業で働き、個々人のやりがいとモチベーションが合致すればそれがベストだが、現実は必ずしもその通りにならない。だからこそ、技術者の強い信念と粘り強さが必要になる。ぜひ、有意義な技術者人生を切り開いてほしい。

最後に本書籍の出版にあたり、企画、構成、編集に情熱を注いでいただいた日経ビジネスクロスメディア編集長の篠原匡氏、日経ビジネス副編集長の木村知史氏、日経ビジネス記者の佐伯真也氏に厚く御礼申し上げます。

佐藤登ホームページ　http://drsato.biz/

著者略歴
佐藤 登（さとう・のぼる）
名古屋大学客員教授／エスペック 上席顧問／前サムスンSDI常務

秋田県横手市出身。1978年横浜国立大学大学院工学研究科修士課程修了後、本田技研工業に入社。89年まで自動車車体の腐食防食技術の開発に従事。社内研究成果により88年に東京大学工学博士。90年に本田技術研究所の基礎研究部門へ異動、電気自動車用の電池研究開発部門を築く。99年から4年連続「世界人名事典」に掲載。栃木研究所のチーフエンジニアだった2004年に、韓国サムスングループのサムスンSDI常務に就任。2004年から5年間は韓国水原市在住、その後、逆駐在の形で東京勤務。2012年12月にサムスン退社。2013年から現職。論文、講演、著書、特許等は約800件に達する。

人材を育てるホンダ 競わせるサムスン

発行日	2014年7月7日 第1版第1刷
著者	佐藤 登
発行者	高柳 正盛
発行	日経BP社
発売	日経BPマーケティング 〒108-8646 東京都港区白金1-17-3 http://business.nikkeibp.co.jp/
装丁・レイアウト	エステム
印刷・製本	図書印刷

ISBN 978-4-8222-7787-1

本書は、日経ビジネスオンラインに掲載された「技術経営――日本の強み・韓国の強み」(2013年4月～2014年5月)を加筆修正したものです。
